"十四五"职业教育国家规划教材

（中等职业学校公共基础课程教材）

U0748551

信 息 技 术

（拓展模块）

——计算机与移动终端维护+小型网络系统搭建+机器人操作

总主编　蒋宗礼

主　编　李　飞　张　魁　许晓璐

电子工业出版社·

Publishing House of Electronics Industry

北京·BEIJING

内 容 简 介

本书紧密结合中等职业教育的特点，联系计算机教学的实际情况，突出技能和动手能力训练，重视提升学科核心素养，符合中职学生学习信息技术要求。

本书对应《中等职业学校信息技术课程标准》拓展模块 1、拓展模块 2 和拓展模块 10，与《信息技术（基础模块）（上册）》和《信息技术（基础模块）（下册）》配套使用。

本书可作为中等职业学校各类专业的公共课教材，也可作为信息技术应用的培训教材。

图书在版编目（CIP）数据

信息技术：拓展模块. 计算机与移动终端维护+小型网络系统搭建+机器人操作 / 李飞，张魁，许晓璐主编. —北京：电子工业出版社，2022.8

ISBN 978-7-121-43386-3

Ⅰ. ①信… Ⅱ. ①李… ②张… ③许… Ⅲ. ①电子计算机—中等专业学校—教材 Ⅳ. ①TP3

中国版本图书馆 CIP 数据核字（2022）第 074902 号

责任编辑：关雅莉　　文字编辑：张镨丹
印　　刷：北京捷迅佳彩印刷有限公司
装　　订：北京捷迅佳彩印刷有限公司
出版发行：电子工业出版社
　　　　　北京市海淀区万寿路 173 信箱　邮编　100036
开　　本：880×1 230　1/16　印张：7.25　字数：167.04 千字
版　　次：2022 年 8 月第 1 版
印　　次：2024 年 9 月第 5 次印刷
定　　价：17.60 元

凡所购买电子工业出版社图书有缺损问题，请向购买书店调换。若书店售缺，请与本社发行部联系，联系及邮购电话：（010）88254888，88258888。

质量投诉请发邮件至 zlts@phei.com.cn，盗版侵权举报请发邮件至 dbqq@phei.com.cn。

本书咨询联系方式：（010）88254550，zhengxy@phei.com.cn（郑小燕）。

出版说明

为贯彻新修订的《中华人民共和国职业教育法》，落实《全国大中小学教材建设规划（2019-2022 年）》《职业院校教材管理办法》《中等职业学校公共基础课程方案》等要求，加强中等职业学校公共基础课程教材建设，在国家教材委员会统筹领导下，教育部职业教育与成人教育司统一规划，指导教育部职业教育发展中心具体组织实施，遴选建设了数学、英语、信息技术、体育与健康、艺术、物理、化学等七科公共基础课程教材，并于 2022 年组织按有关新要求对教材进行了审核，提供给全国中等职业学校选用。

新教材根据教育部发布的中等职业学校公共基础课程标准和有关新要求编写，全面落实立德树人根本任务，突显职业教育类型特征，遵循技术技能人才成长规律和学生身心发展规律，围绕核心素养培育，在教材结构、教材内容、教学方法、呈现形式、配套资源等方面进行了有益探索，旨在打牢中等职业学校学生科学文化基础，提升学生综合素质和终身学习能力，提高技术技能人才培养质量。

各地要指导区域内中等职业学校开齐开足开好公共基础课程，认真贯彻实施《职业院校教材管理办法》，确保选用本次审核通过的国家规划新教材。如使用过程中发现问题请及时反馈给出版单位和我司，以便不断完善和提高教材质量。

教育部职业教育与成人教育司

2022 年 8 月

前　　言

习近平总书记在中央网络安全和信息化领导小组第一次会议上强调，当今世界，信息技术革命日新月异，对国际政治、经济、文化、社会、军事等领域发展产生了深刻影响。信息化和经济全球化相互促进，互联网已经融入社会生活方方面面，深刻改变了人们的生产和生活方式。

目前，信息技术已成为支持经济社会转型发展的重要驱动力，是建设创新型国家、制造强国、网络强国、数字中国、智慧社会的基础支撑。因此，了解信息社会、掌握信息技术、增强信息意识、提升信息素养、树立正确的信息社会价值观和责任感，正成为现代社会对高素质技术技能人才的基本要求。

本套教材以教育部发布的《中等职业学校信息技术课程标准》为依据，全面落实立德树人根本任务，紧密结合职业教育特点，密切联系中职信息技术课程教学实际，突出技能训练和动手能力培养，符合中等职业学校学生学习信息技术的要求。本套教材对接信息技术的最新发展与应用，结合职业岗位要求和专业能力发展需要，着重培养支撑学生终身发展、适应新时代要求的信息素养。本套教材坚持"以服务为宗旨，以就业为导向"的职业教育办学方针，充分体现以全面素质为基础，以能力为本位，以适应新的教学模式、教学制度需求为根本，以满足学生和社会需求为目标的编写指导思想。在编写中，力求突出以下特色：

1. 注重课程思政。课程思政是国家对所有课程教学的基本要求，本套教材将课程思政贯穿于全过程，帮助教学者理解如何将思政元素融入教学，以润物无声的方式引导学生树立正确的世界观、人生观和价值观。

2. 贯穿核心素养。本套教材以提高实际操作能力、培养学科核心素养为目标，强调动手能力和互动教学，更能引起学习者的共鸣，逐步增强信息意识、提升信息素养。

3. 强化专业技能。本套教材紧贴信息技术课程标准的要求，组织知识和技能内容，摒弃了繁杂的理论，能在短时间内提升学习者的技能水平，对于学时较少的非信息技术类专业学生有更强的适应性。

4. 跟进最新知识。涉及信息技术的各种问题多与技术关联紧密，本套教材以最新的信息技术为内容，关注学生未来，符合社会应用要求。

5. 构建合理结构。本套教材紧密结合职业教育的特点，借鉴近年来职业教育课程改革和教材建设的成功经验，在内容编排上采用了任务引领的设计方式，符合学生心理特征和认知、技能养成规律。内容安排循序渐进，操作、理论和应用紧密结合，趣味性强，能够提高学生的学习兴趣，培养学生的独立思考能力、创新和再学习能力。

6. 配备教学资源。本套教材配备了包括电子教案、教学指南、教学素材、习题答案、教学视频、课程思政素材库等内容的教学资源包，为教师备课、学生学习提供全方位的服务。

在实施教学时，教师要创设感知和体验信息技术的应用情境，提炼计算思维的形成过程和表现形式，要以源自生产、生活实际的实践项目为引领，以典型任务为驱动，通过情境创设、任务部署、引导示范、实践训练、疑难解析、拓展迁移等教学环节，引导学生主动探究，将生产、生活中遇到的问题与信息技术融合关联，找寻解决问题的方案。在情境和活动中培养学生的信息意识，逐步培养计算思维，不断提升数字化学习与创新能力，鼓励学生在复杂的信息技术应用情境中，通过思考、辨析，做出正确的思维判断和行为选择，履行信息社会责任，自觉培育和践行社会主义核心价值观。学生在学习时要自觉强化为中华民族伟大复兴而奋斗的使命感，增强民族自信心和爱国主义情感，弘扬工匠精神，培养创新创业意识，以"做"促"学"，以"学"带"做"，在"学、做、评"循环中不断提升学习能力和信息应用能力。

本书对应《中等职业学校信息技术课程标准》拓展模块 1、拓展模块 2 和拓展模块 10，与《信息技术（基础模块）（上册）》（ISBN 978-7-121-41249-3，电子工业出版社）和《信息技术（基础模块）（下册）》（ISBN 978-7-121-41248-6，电子工业出版社）配套使用。

本套教材由蒋宗礼教授担任总主编，蒋宗礼教授负责推荐、遴选部分作者，提出教材编写指导思想和理念，确定教材整体框架，并对教材内容进行审核和指导。

本书由李飞、张魁、许晓璐担任主编。其中，模块 1 由许晓璐、李潇、李飞、汪浩、王冠编写（任务 1 由汪浩编写，任务 2 由王冠编写，任务 3 由李潇编写，任务 4 由许晓璐、李飞编写），模块 2 由张魁、薛良玉编写（任务 1～任务 7 由张魁编写，任务 8 和任务 9 由薛良玉编写），模块 10 由李飞、陈良庚（河南警察学院）、李胜男、王二小、杨德旭、郭景春、齐迪、张扬编写（任务 1 由李胜男、齐迪、张扬编写，任务 2 由王二小、杨德旭编写，任务 3 由李飞、郭景春、陈良庚编写）。姜志强、赵立威、高玉民、陈瑞亭等专家从新技术、行业规范、职业素养、岗位技能需求等方面提供了相关资料、素材和指导性意见。

书中难免存在不足之处，敬请读者批评指正。

本书咨询反馈联系方式：（010）88254550，zhengxy@phei.com.cn（郑小燕）。

编　者

目　　录

模块 1　计算机与移动终端维护

模块 2　小型网络系统搭建

模块 10　机器人操作

模块 1　计算机与移动终端维护

随着信息技术和互联网的快速发展，利用计算机或其他智能终端设备在无线环境下实现随时随地的数据传输及资源共享变得越来越普及。这不仅改变了人们的生活习惯，也为人们提供了更具实时性和准确性的数字信息服务。在本模块中，可以学习到选配常用计算机与移动终端的方法，并根据需求利用其解决生活中的问题，最后对出现的常见问题进行简单处理。

职业背景

计算机俗称电脑，既可以进行数值计算，又可以进行逻辑计算，还具有存储记忆功能。计算机是能够按照程序运行，自动、高速处理海量数据的现代化智能电子设备。

计算机通常由硬件系统和软件系统组成。按综合性能指标，可以将计算机分为五大类：超级计算机、工业控制计算机、网络计算机、个人计算机、嵌入式计算机，尚处于研究中的还有生物计算机、光子计算机、量子计算机等。

近年来，随着电子信息产业的迅猛发展，计算机正向着多元化、智能化、微型化、专业化、网络化方向发展，它已经成为人类生产生活中密不可分的一部分。与此同时，与计算机密切相关的移动终端设备如手机、平板电脑等也成为十分重要的信息载体，已被人们熟知和广泛应用，甚至在某些功能上取代了个人计算机，成为人类的另一个助手。

学习目标

1. 知识目标

（1）能描述计算机的主要性能指标和移动终端的主要参数。

（2）能说出常见的移动支付方式。

（3）能说出投影仪的分类及智能音箱的相关知识。

2. 技能目标

（1）会根据业务需要配置计算机、移动终端和常用外围设备。

（2）会安装支持系统运行和业务所需的各类软件，完成系统设置、网络接入和系统测试。

（3）能进行计算机、移动终端和常用外围设备之间的连接和信息传送。

（4）会对计算机、移动终端等信息技术设备的常见故障进行处理。

3. 素养目标

（1）能根据生活的实际需要，自觉、主动地寻求恰当方式来获取信息和形成解决方案，最终提升信息意识和计算思维能力。

（2）能适应数字化的学习环境，在合作探究、知识分享、协作学习中形成适应职业发展需要的信息能力，在规范的工作流程中养成良好的职业习惯。

（3）通过对国产电子产品的了解，增强民族自豪感和爱国意识。

任务 1　选配计算机及移动终端

◆　任务描述

计算机业已成为现代办公设备中最不可或缺的核心工具。作为公司技术人员，你该如何帮助同事确认需求，在兼顾价格和性能的前提下，做出最优选择呢？

◆　任务目标

（1）能够通过硬件网站设计采购方案。

（2）能够通过购物网站选购整机。

（3）能够组装一台台式计算机。

（4）能够通过购物网站选购移动终端。

1.1.1　工作流程

1. 通过网站设计采购方案

组装机可以满足用户的个性化需求，设计装机方案是组装计算机的重要步骤。

设计方案前，浏览各大硬件网站的论坛，可查看装机高手分享的经验，以及各个品牌配件的测评文章，了解各配件的兼容性。在此过程中，最好设计多个候选方案，确保有充分的选择空间。

（1）打开浏览器，访问在线模拟攒机网站或各大电商平台网站。此处以中关村在线网站"模拟攒机"频道为例。

在打开的页面中单击地名右侧的下拉按钮。根据实际情况，在下拉列表中单击装机地址的超链接，如图 1-1 所示。

（2）在下方的"推荐品牌"栏中单击相应品牌超链接。

在"CPU 系列"栏中单击"酷睿 i7"超链接，如图 1-2 所示。

图 1-1　设置装机的地址

图 1-2　设置选择 CPU 的条件

此处以该型号举例，选配时可根据具体工作需要进行选择。以下均以某个品牌或型号的配件为例。

（3）展开的列表框中将会显示所有符合设置条件的 CPU 产品，选择其中一个产品，单击右侧的"加入配置单"按钮，如图 1-3 所示。

（4）在左侧的"装机配置单"列表框中可看到已经添加的 CPU 产品，如图 1-4 所示。

图 1-3　将 CPU 产品加入配置单

图 1-4　查看已选择的 CPU 产品

在"请选择配件"栏中单击"主板"按钮，继续添加主板产品。

（5）在右侧"请选择主板"任务窗格的"主芯片组"栏中单击"Z390"超链接，在"主板板型"栏中单击"ATX（标准型）"超链接，在展开的产品列表中选择一个符合条件的产品，单击"加入配置单"按钮，如图 1-5 所示。

（6）用相同的办法选择计算机的其他硬件，如内存、机械硬盘、固态硬盘、显卡、声卡、机箱、电源、显示器、鼠标及键盘等，或单击"更多"按钮选择其他配件，如图1-6所示。

图1-5　选择主板产品

图1-6　选择其他产品

（7）在左侧的"装机配置单"列表框中可看到已经添加的所有产品及其估价，如图1-7所示。

2. 通过网站选购整机

选购整机对用户的知识储备要求相对较低，并且能免去组装设备、安装系统等工序。各大电商网站均能提供整机选购服务。

（1）打开浏览器，访问电商网站。

在打开的网页中单击地名左侧的下拉按钮。根据实际情况，在下拉列表中单击选购整机地址的超链接，如图1-8所示。

图1-7　查看装机配置单

图1-8　设置选购整机的地址

（2）在左侧的商品类型列表中，根据实际需求，单击相应超链接，如图1-9所示。

图 1-9　选择产品类型

（3）在打开的页面中，单击品牌、型号或具体配置。

默认展示的配置选项为硬盘容量，在下方的"高级选项"中，还可对显示器尺寸、内存容量、CPU、显卡等其他配置项进行筛选，如图 1-10 所示。

图 1-10　选择品牌、型号或具体配置

（4）设置筛选条件后，系统将自动筛选并展示符合条件的产品，单击图片或名称，可查看该产品的具体描述，如图 1-11 所示。

（5）在打开的产品界面中，可以查看、对比相近的样式、型号，并选择是否购买增值服务。通常，同一系列的计算机之间的区别在于 CPU 型号、显卡、内存和硬盘容量等，如图 1-12 所示。

图 1-11　选择产品可查看具体描述

图 1-12　选择样式、型号和增值服务

（6）向下拖动滚动条，可查看产品的规格、售后保障和评价。通过评价可以了解产品的优缺点，以及店铺和物流的服务质量，如图 1-13 所示。

| 商品介绍 | 规格与包装 | 售后保障 | 商品评价(9700+) | 商品问答 | 加入购物车 |

品牌：联想（Lenovo）

商品名称：联想扬天M4000s高端商…	商品编号：100005770965	商品毛重：6.14kg	商品产地：中国大陆
内存容量：8G	显示器尺寸：20-21.5英寸	系统：Windows 10	机箱大小：10L以下
处理器：Intel i7	显卡：其他	硬盘容量：1TB HDD	用途：商用办公
电脑形态：主机+显示器	优选服务：上门服务，四年及以上…		

更多参数>>

图 1-13　查看规格、售后保障和评价

3. 组装一台台式机

在组装前，应做好准备工作。准备十字螺丝刀、尖嘴钳、镊子、元件盒、清洁剂、吹气球、毛刷和清洁巾等工具，操作人员释放静电，确保工作环境整洁有序。

组装计算机并没有固定的步骤，通常由个人习惯和硬件类型决定，此处以一种装机人员通用的方法进行操作。

（1）机箱。

首先将机箱平放在工作台上，然后用螺丝刀卸下机箱后部的固定螺丝，如图 1-14 所示。通常每块侧面板有两颗固定螺丝，最后按住机箱侧面板向机箱后部滑动，取下侧面板，如图 1-15 所示。

图 1-14　卸螺丝

图 1-15　取下机箱侧面板

（2）电源。

首先将电源有风扇的一面朝向机箱上的预留孔，然后将其放置在机箱的电源固定架上。固定电源时，将其螺丝孔与机箱上的孔位对齐，使用机箱附带的螺丝将电源固定在电源固定架上，如图 1-16 所示。最后可用手上下轻轻晃动电源，以测试其稳定性。

（3）CPU。

首先推开主板上的 CPU 插座拉杆，如图 1-17 所示；然后打开 CPU 挡板，安装 CPU，使 CPU 两侧的缺口对准插座缺口，将其垂直放入 CPU 插座中，此时不可用力按压，应使 CPU 自由滑入插座内；最后盖好 CPU 挡板并压下拉杆，完成 CPU 的安装。

图 1-16 安装电源

图 1-17 推开 CPU 插座拉杆

盒装正品 CPU 通常自带散热风扇，风扇与 CPU 的接触面已经涂抹了导热硅脂，直接安装即可。如需自行涂抹，可使用随硅脂附赠的注射针筒，挤出少许硅脂，使用棉签将硅脂涂抹均匀。

（4）风扇。

首先将 CPU 风扇的四个膨胀扣对准主板上的风扇孔位，然后向下稍稍用力，使膨胀扣卡槽进入孔位中，将风扇支架螺帽插入膨胀扣中；接着将风扇一边的卡扣安装到支架一侧的扣具上，固定好风扇，如图 1-18 所示；最后将风扇的电源插头插入主板的插槽中，如图 1-19 所示。

图 1-18 固定风扇

图 1-19 风扇背面

（5）内存。

首先将内存条插槽上的固定卡座向外轻微用力扳开，然后将内存条上的缺口与插槽中的方向标识凸起部位对齐，最后双手向下均匀用力，如图 1-20 所示，将内存垂直插入插槽中。此时内存卡座会自动扳回并发出轻响，内存条则卡入卡槽中。

（6）主板。

首先将主板平稳地放入机箱内，使主板上的螺丝孔与机箱上的螺丝孔对齐，然后使主板的外部接口与机箱背面安装好的该主板专用挡板孔位对齐。此时，主板的螺丝孔与主板架上的螺丝孔也相应对齐，最后用螺丝将主板固定在机箱的主板架上。

（7）硬盘。

首先将硬盘放置到机箱内的硬盘支架上，然后将硬盘的螺丝口与支架的螺丝口对齐，最后用螺丝进行固定，如图 1-21 所示。

图 1-20　双手安装内存条

图 1-21　固定硬盘

（8）显卡。

首先拆卸机箱后侧的板卡挡板。通常，主板上的 PCI-Express 显卡插槽上设计有卡扣，需要向下按压卡扣将其打开，将显卡的金手指对准主板上的 PCI-Express 接口，然后轻轻按下显卡，最后用螺丝将其固定在机箱上，完成显卡的安装，如图 1-22 所示。

（9）线缆。

各个部件安装完成之后，连接机箱内的各种线缆，如电源线、数据线等，如图 1-23 所示。

图 1-22　安装显卡

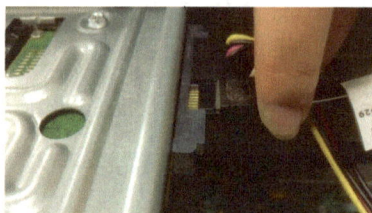

图 1-23　连接线缆

（10）清理灰尘时，如需拆解，拆解顺序多采用与安装过程相反的顺序。

4．通过网站选购移动终端

（1）移动终端类型。

生活中常用的移动终端包括手机、平板电脑等。

（2）选购网站。

移动终端选购网站很多，如京东商城和天猫商城等，如图 1-24 所示。

京东商城

天猫商城

图 1-24　购物网站

（3）选购移动终端（以京东商城为例）。

① 通过浏览器或京东 App，进入京东商城，如图 1-25 所示。

京东PC版　　　　　　京东移动版

图 1-25　京东商城

② 通过在搜索框内输入"手机"或者"平板电脑"两种方式查找商品，如图 1-26 所示。

图 1-26　京东搜索

1.1.2　知识与技能

1. 计算机的主要性能指标

计算机的主要性能指标见表 1-1。

表 1-1　计算机的主要性能指标

指　　标	说　　　明	适　用　性
字长	在其他指标相同时，字长越大，计算机处理数据的速度就越快。目前主流为 64 位	—
CPU 主频	计算机一般采用 CPU 主频来描述运算速度，主频越高，运算速度就越快	图形图像处理、运算量大的工作
CPU 核数	多核心 CPU 的优势主要体现在多任务的并行处理上	—
硬盘容量	容量越大，可存储资料越多	存储资料量大的工作
内存容量	影响多个应用程序的运行速度	—
显存	用以临时存储显示数据，容量越大，能显示的分辨率及色彩位数越高	图形图像处理工作

2．移动终端主要参数

（1）中央处理器（CPU）。

移动终端的处理器就像计算机的处理器一样，其主要功能是处理信息。在移动终端方面，华为公司的麒麟处理器是国产处理器中的佼佼者。当前处理器市场中，华为的麒麟系列、高通的骁龙系列、三星的 Exynos 系列、联发科的天玑系列、苹果公司的 A 系列和 M 系列都是应用比较广的处理器。

（2）机身存储。

伴随着科技的进步，移动终端的存储空间在容量上不再受到过多限制，存储容量主要有 64GB、128GB、256GB、512GB、1TB（1024GB）等，使得用户可以有更多的存储空间进行软件安装和信息存储。

（3）运行内存。

运行内存主要起缓存的作用，即断电重启后，内存会自动清空。运行内存的大小直接影响移动终端的运行速度，所以通常是越大越好。运行内存的容量大小主要有 3GB、4GB、6GB、8GB、12GB、16GB 等。

（4）屏幕。

移动终端的屏幕是用户可以直接看到的部分，其性能主要体现在屏幕材质、屏幕大小、屏幕分辨率等方面。

① 在屏幕材质方面，移动终端屏幕目前主要有两种：一种是 LCD，又分为 TFT 和 IPS；另一种是 OLED，又分为 AMOLED、Super AMOLED 等。从价格来说，OLED 要比 LCD 贵。

② 在屏幕大小方面，不是屏幕越大显示的效果就越好，这要看屏幕的分辨率，越大的屏幕能耗越高（也可以说是耗电快）。

③ 屏幕的分辨率是指显示器所能显示的像素数，目前有 1920×1080 像素、2436×1125 像素、1792×828 像素、2688×1242 像素等几种。

（5）充电接口。

移动终端的充电接口有三种常见规格：Micro USB 接口、Type-C 接口和 Lightning 接口，如图 1-27 所示。

Micro USB 接口　　　　Type-C 接口　　　　Lightning 接口

图 1-27　充电接口规格

（6）运行系统。

① 鸿蒙操作系统。

2019 年 8 月 9 日，华为正式发布鸿蒙操作系统。华为鸿蒙操作系统是一款全新的面向全场景的分布式操作系统，目的是创造一个超级虚拟终端互联的世界，将人、设备、场景有机地联系在一起，使消费者在全场景生活中接触的多种智能终端实现极速发现、极速连接、硬件互助、资源共享，用最合适的设备提供最佳的场景体验。2021 年年初，华为正式宣布 HarmonyOS 上线，并表示 2021 年搭载鸿蒙操作系统的物联网设备有望达到 3 亿台，手机将超过 2 亿部。

2021 年 6 月 2 日，华为举行新品发布会，宣布 HarmonyOS 2 操作系统正式发布。

② 安卓（Android）操作系统。

Android 是 Google 于 2007 年 11 月 5 日发布的基于 Linux 内核的开源手机操作系统。由于安卓操作系统开放、免费的特性，大家所熟知的小米、OPPO、vivo 等品牌手机的操作系统，都是基于安卓系统，经过二次开发后再应用到自己的产品上的。

③ iOS 操作系统。

iOS 是由苹果公司为 iPhone、iPod touch 及 iPad 开发的操作系统。

任务 2　安装及使用软件

◆　任务描述

计算机软件、移动终端 App 以其种类繁多、功能强大、更新快速等特点，在现代化办公中起着重要作用。作为公司技术人员，你在完成硬件设备选配后，该如何帮助同事安装软件，以提升办公效率呢？

◆　任务目标

（1）能为计算机安装操作系统。

（2）能为计算机安装并使用常用的软件。

（3）能将计算机和移动终端连入网络。

（4）能为移动终端安装并使用常用的软件。

1.2.1　工作流程

1. 为计算机安装操作系统

（1）安装操作系统。

整机通常已经预安装了操作系统，可以直接使用。组装机可能需要用户自行安装操作系统。此处以登录微软官方网站举例。

① 登录微软官方网站，下载系统安装工具，如图 1-28 所示。

② 运行程序，单击"接受条款"→"制作安装介质"→"为另一台电脑创建安装介质（U 盘、DVD 或 ISO 文件）"选项，如图 1-29 所示，将操作系统和安装程序添加到 U 盘中。

图 1-28　下载系统安装工具

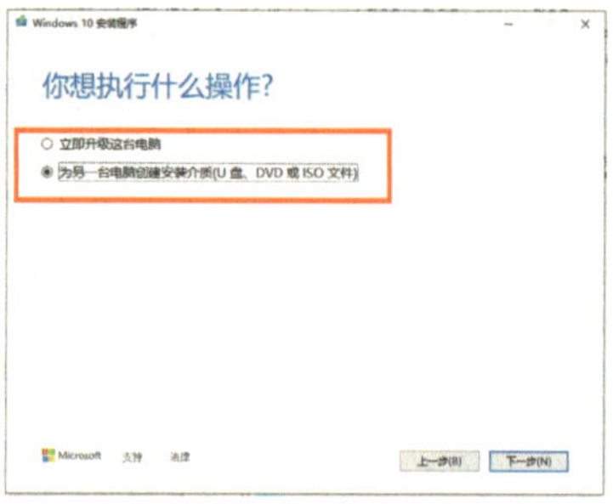

图 1-29　制作安装介质

③ 使用系统安装 U 盘，将系统安装到已组装好的计算机中。

④ 完成操作系统安装后进行注册和激活。

（2）安装驱动程序。

登录硬件产品的官方网站，下载驱动程序，如图 1-30 所示；或使用硬件附带的光盘进行安装，也可以使用鲁大师、360、驱动精灵等第三方工具软件安装驱动程序。

图 1-30　登录官网下载驱动程序

2. 为计算机安装常用软件

软件种类繁多，为计算机安装软件时并非"多多益善"，冗余的软件会占用硬盘存储空间，增加计算机的工作负担。因此，在下载、安装软件前应进行需求分析。

此处仅列举部分常用软件，选配时可根据具体工作需要进行选择（见表 1-2）。

表 1-2　部分常用软件

类　型	举　例	适用性
日常办公	WPS Office、Microsoft Office、永中 Office……	处理文档、表格、幻灯片等
图形图像	Photoshop、美图秀秀、Premiere、After Effects、会声会影……	处理图片、视频
专业制图	中旺 CAD、AutoCAD……	专业图形绘制
沟通交流	微信、QQ……	即时通信、共享文档
办公辅助	腾讯会议、钉钉……	在线会议、共享文档
下载工具	迅雷……	下载文件
云存储	百度网盘……	云存储服务

以下以安装微信 Windows 版为例进行介绍。

（1）在搜索引擎中输入"微信"，找到并登录微信官方网站，如图 1-31 所示。

（2）单击"免费下载"按钮，如图 1-32 所示。

图 1-31　下载软件认准"官方"字样

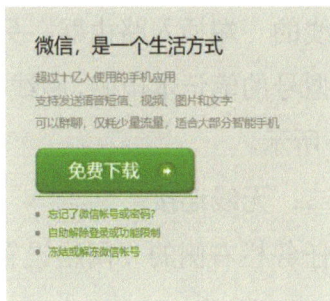

图 1-32　下载安装程序

（3）根据计算机安装的操作系统进行选择，如图 1-33 所示。

（4）下载完成后运行安装程序，如图 1-34 所示。

图 1-33　根据操作系统进行选择

图 1-34　运行安装程序

（5）安装完成后删除安装程序，以节省存储空间。

（6）微信、QQ 等软件的记录文件夹可以移动到其他磁盘，以减轻 C 盘负担，如图 1-35 所示。

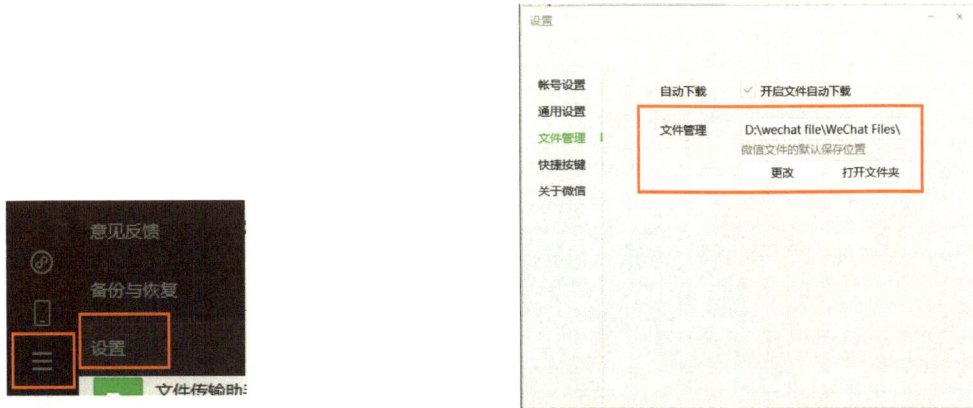

图 1-35　迁移记录文件夹

3．将计算机和移动终端连入网络

（1）计算机连入网络。

方法一：有线连接。

将网线的一端插入路由器，另一端插入计算机的网线接口。

部分型号的笔记本电脑，网线接口处有用以保护和装饰的挡片，插入网线时轻轻下压即可，如图1-36所示。

方法二：无线连接。

单击任务栏右侧的"网络设置"按钮，在列表中选择需要连接的WiFi，输入密码进行验证，如图1-37所示。

图1-36　网线接口

图1-37　连接WiFi

台式机如果没有内置无线功能，则需要购买并安装无线网卡。

（2）将移动终端连入网络。

利用移动终端自带的WiFi功能，可通过无线路由器将其连接到网络（此处以iOS系统为例）。

① 点击屏幕上的"设置"图标（如图1-38所示），进入"设置"界面后点击"无线局域网"，并将其开关开启（如图1-39所示）。

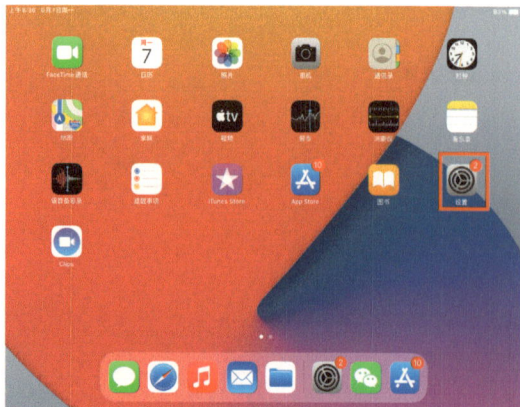

图1-38　点击"设置"图标

图1-39　开启无线局域网连接功能

② 选择需要的无线网络（如图 1-40 所示），在弹出的界面中输入密码（如图 1-41 所示）即可连接网络。

图 1-40　选择所需的无线网络

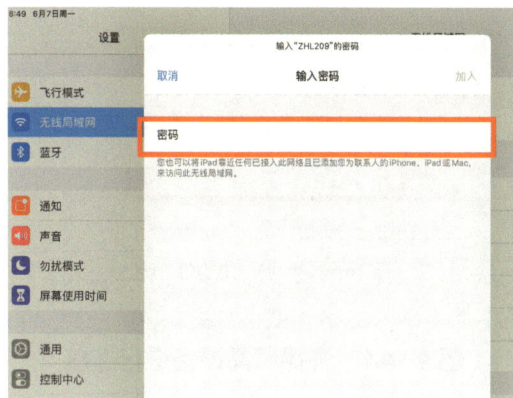

图 1-41　输入密码

4．将移动终端与蓝牙设备连接

为了方便生活和办公，经常需要为移动终端连接耳机、手环等蓝牙设备。此处以华为鸿蒙系统（HarmonyOS）为例，介绍移动终端与蓝牙设备连接的具体操作。

（1）点击屏幕上的"设置"图标（如图 1-42 所示），进入设备的"设置"界面后，点击"蓝牙"（如图 1-43 所示），使其处于"已开启"状态。

图 1-42　点击"设置"图标

图 1-43　开启蓝牙功能

（2）开启蓝牙功能后，在配对设备列表中选择所要连接的蓝牙设备（如图 1-44 所示）。

（3）当配对信息显示"已连接"（如图 1-45 所示）时，代表移动终端与蓝牙设备连接成功。

图 1-44　选择所需设备进行连接

图 1-45　蓝牙设备连接成功

5. 为移动终端安装常用软件

应用市场是下载 App 的重要入口。具体操作如下：

（1）在主屏幕上点击"应用市场"图标（如图 1-46 所示）。

（2）搜索所需的 App（如图 1-47 所示）。

（3）点击"安装"按钮（如图 1-48 所示），即可将 App 安装到设备中。

图 1-46　点击"应用市场"图标

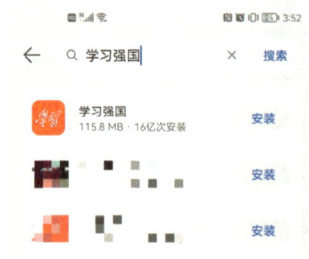

图 1-47　搜索所需的 App

图 1-48　安装 App

1.2.2　知识与技能

移动支付是指用户利用移动终端等电子产品来进行电子货币支付，移动支付将互联网、终端设备、金融机构有效地联合起来，形成了一个新型的支付体系。移动支付不仅能够进行货币支付，还可以缴电话费、燃气费、水电费等生活费用。大家所熟悉的支付宝、微信支付等都是移动支付。

　　数字人民币，又称数字货币电子支付，是中国人民银行基于国家信用发行的法定数字货币。它以广义账户体系为基础，与纸钞和硬币等价。数字人民币既可以像现金一样易于流通，有利于人民币的流通和国际化，同时也可以实现可控匿名。打开"数字人民币"App，即便手机没有网络，也能轻松完成支付。这种支付点对点实时结算，省去了传统支付工具（如支付宝、微信支付）的银行账户电子化交易结算环节，更加便捷、安全，并有效保护了使用者的隐私。

任务 3　连接并使用外部设备

◆　任务描述

　　因日常会议和办公的需要，经常要将计算机与投影仪、蓝牙设备或打印机相连接。如果你是一个办公室文员，如何快速布置好一个小型会议的环境？如何让所有人都能使用共享打印机（或网络打印机）呢？

◆　任务目标

　　（1）能将笔记本电脑与投影仪连接并调试好。

　　（2）能将笔记本电脑与蓝牙设备（如音箱）连接并调试好。

　　（3）能将笔记本电脑与其他设备连接并调试好。

　　（4）能将打印机设置为共享打印机。

　　（5）能为计算机添加共享打印机。

　　（6）能为计算机添加网络打印机。

　　（7）了解投影仪与智能音箱的相关知识。

1.3.1　工作流程

1. 连接笔记本电脑与投影仪

　　（1）将投影仪连接到电源上。

　　（2）利用视频线将笔记本电脑与投影仪连接起来。

　　若笔记本电脑与投影仪均有 VGA 接口，则可利用一根 VGA 视频线（如图 1-49 所示），将二者相连接。注意：插拔视频线的时候不要把插头内的针弄歪或折断。若笔记本电脑与投影仪均有 HDMI 接口，则可利用一根 HDMI 视频线（如图 1-50 所示）将二者相连接。若笔记本电脑与投影仪的接口下同，则可利用转换线进行连接，如 HDMI 转 VGA 线，如图 1-51 所示。

（3）打开投影仪和笔记本电脑。此时，投影仪风扇开始转动，灯泡也逐渐亮起，稍等片刻就可看到笔记本电脑投影出的画面。若无画面，则可进行后续操作。

（4）（以 Windows 10 操作系统为例）按【Win+P】组合键，可快速设置笔记本电脑与投影仪的连接方式。Windows 10 操作系统下笔记本电脑的投影设置如图 1-52 所示。

图 1-49　VGA 视频线

图 1-50　HDMI 视频线

图 1-51　HDMI 转 VGA 线

图 1-52　Windows 10 操作系统下
笔记本电脑的投影设置

2. 连接笔记本电脑与蓝牙设备

蓝牙设备能够给人们的生活带来更多的便捷。不同的蓝牙设备，其连接过程是相似的。

（1）打开蓝牙设备。

（2）打开 Windows 设置，选择设备，Windows 10 操作系统下的设置如图 1-53 所示。

（3）打开蓝牙功能并选择添加的蓝牙设备，如图 1-54 所示。

图 1-53　Windows 10 操作系统下的设置

图 1-54　打开蓝牙功能并添加的蓝牙设备

（4）选择"蓝牙"，开始搜索添加的蓝牙设备，如图 1-55 所示。

（5）选择搜索到的蓝牙设备，如图 1-56 所示。

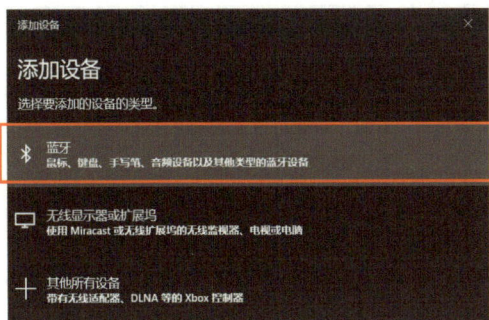

图 1-55　搜索添加的蓝牙设备

图 1-56　选择搜索到的蓝牙设备

3. 连接笔记本电脑与其他设备

（1）连接 PPT 翻页笔。

使用 PPT 翻页笔，可以将演讲者从计算机屏幕前解放出来，与会议现场的人更好地互动，更有利于准确地传递信息，因此得到广泛的应用。连接 PPT 翻页笔的具体操作如下。

① 将装有电池的翻页笔接收设备插入笔记本电脑的 USB 接口，如图 1-57 所示。

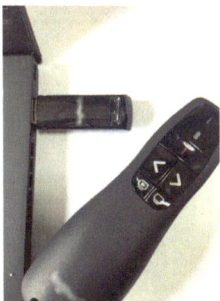

图 1-57　将接收设备插入 USB 接口

② 使用时将翻页笔的开关拨到"ON"即可。

（2）连接 USB 摄像头。

视频会议可以实现与多人同时进行通信，让分处异地的用户进行"面对面"的交流，既提升了工作效率，又降低了会议成本。因此，为计算机连接摄像头就非常必要了，而且操作也比较简单，将 USB 摄像头插入计算机的 USB 接口即可使用（一般自动安装驱动程序）。

4. 为计算机添加共享打印机

（1）将打印机连接到办公室局域网中的一台计算机后，将其设置为共享打印机。

① 选择已连接好的打印机，单击"管理"按钮，如图 1-58 所示。

② 在弹出的"设置"对话框中单击"打印机属性"选项，如图 1-59 所示。

③ 在共享属性中，选择"共享这台打印机"并为打印机命名，设置完成后单击"确定"按钮，如图 1-60 所示。

图 1-58　选择打印机　　　图 1-59　"设置"对话框　　　图 1-60　设置打印机的共享属性

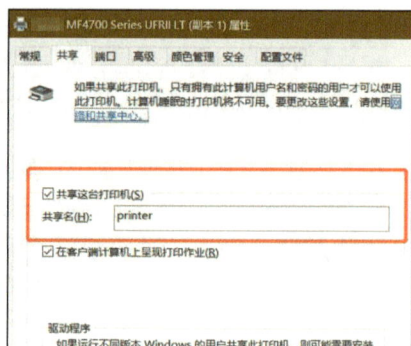

（2）为局域网中的计算机添加共享打印机。

① 在添加打印机设置中选择"按名称选择共享打印机"选项，单击"浏览"按钮，如图 1-61 所示。

② 在弹出的对话框中选择网络中共享打印机所在的计算机，如图 1-62 所示。

③ 选择该计算机连接的共享打印机，如图 1-63 所示。

图 1-61　选择添加共享　　　图 1-62　选择网络中共享　　　图 1-63　选择共享打印机
　　　　　 打印机　　　　　　　　　打印机所在的计算机

④ 找到共享打印机，如图 1-64 所示。

⑤ 可以对打印机的名称进行设置，如图 1-65 所示。单击"下一步"按钮即可完成对共享打印机的添加，此时可以单击"打印测试页"按钮进行测试，如图 1-66 所示。

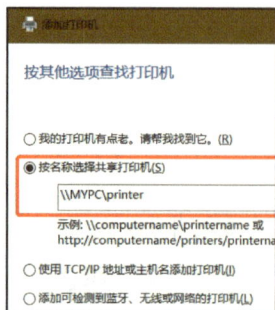

图 1-64　找到共享打印机　　　图 1-65　设置打印机名称　　　图 1-66　打印测试页

5.为计算机添加网络打印机

随着技术的发展，有些打印机已经具备网络连接功能，无须借助任何计算机，就可作为独立的设备接入网络。以多功能数码复合机（柯尼卡美能达 C266）为例。

（1）按照说明书将多功能数码复合机连接到计算机网络并设置 IP 地址。

（2）将网络打印机添加到计算机中。

① 在添加打印机设备时，选择"使用 TCP/IP 地址或主机名添加打印机"选项，如图 1-67 所示。

② 输入打印机的 IP 地址，如图 1-68 所示。

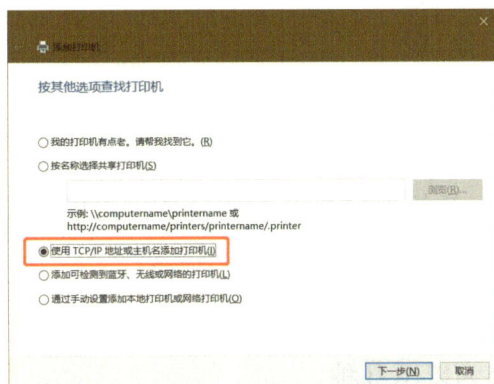

图 1-67　选择"使用 TCP/IP 地址
或主机名添加打印机"选项

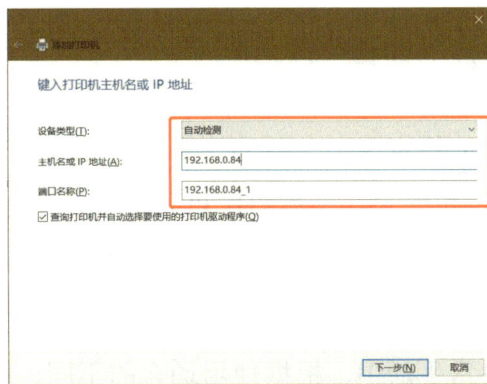

图 1-68　输入打印机的 IP 地址

③ 选择需要使用的驱动程序，如图 1-69 所示。

④ 输入打印机的名称，如图 1-70 所示。

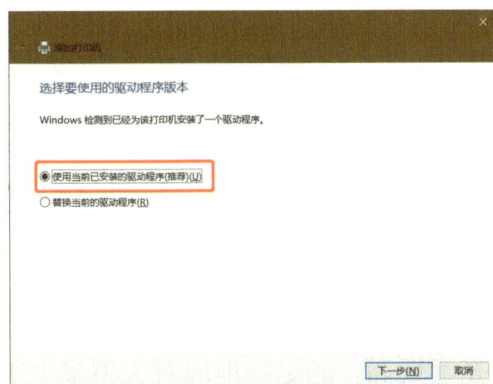

图 1-69　选择需要使用的驱动程序

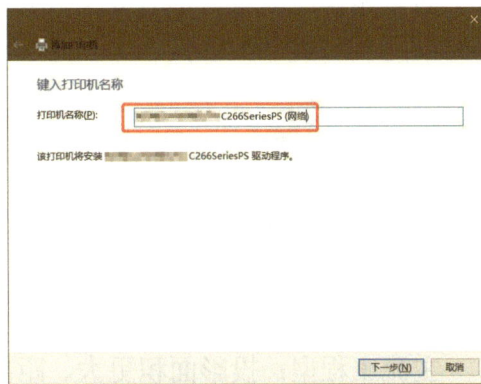

图 1-70　输入打印机的名称

⑤ 设备本身具有网络连接功能，因此选择"不共享这台打印机"选项，如图 1-71 所示。

⑥ 此时，网络打印机就添加成功了，可以单击"打印测试页"按钮进行测试，如图 1-72 所示。

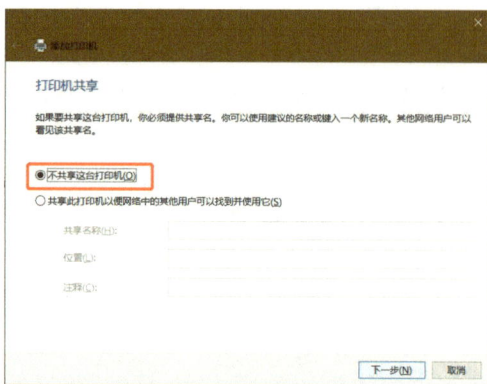

图 1-71　选择"不共享这台打印机"选项

图 1-72　打印测试页

1.3.2　知识与技能

（1）投影仪。

① 投影仪，又称投影机，是一种可以将图像或视频投射到幕布上的设备，可以通过不同的接口与计算机、DVD、BD、游戏机、DV 等相连接，以播放相应的视频信号。

② 投影仪的分类。

日常生活中，根据使用场合的不同，投影仪可分为以下几种。

● 家庭影院型：亮度和对比度相对比较高，各种视频端口齐全，适合播放电影和高清晰电视，如图 1-73 所示。

● 迷你便携型：体积小、重量轻、移动性强，不受场地的限制，如图 1-74 所示。

● 教育会议型：一般定位于学校和企业的应用，采用主流的分辨率，重量适中，散热和防尘做得比较好，适合安装和短距离移动，如图 1-75 所示。

图 1-73　家庭影院型
投影仪

图 1-74　迷你便携型
投影仪

图 1-75　教育会议型
投影仪

● 主流工程型：投影面积更大、距离更远、光亮度很高，能更好地应对大型多变的安装环境，如图 1-76 所示。

● 专业剧院型：高度高、体积大、质量重，通常用于专业应用场合，如剧院、博物馆、大会堂等，如图 1-77 所示。

● 测量型：将产品零件通过光的透射形成放大效果，如图 1-78 所示。

图 1-76　主流工程型投影仪

图 1-77　专业剧院型投影仪

图 1-78　测量型投影仪

③ 投影仪的主要技术参数。

● 亮度：指投影仪输出的光能量，单位为"流明"（lm）。流明值越高表示越亮，投影时越不需要关灯。

● 分辨率：指一幅图像所含的像素数，像素数越多分辨率越高，显示的图形细节越丰富，画面越完美。目前市场上主流分辨率已达到 1920×1080 像素的标准，有些产品更达到了 3840×2160 像素高清晰 4K 画质标准。

● 对比度：画面黑与白的比值，也就是从黑到白的渐变层次。比值越大，从黑到白的渐变层次就越多，色彩表现越丰富，观看到的画面细节越多。如果用来演示色彩丰富的照片和播放视频动画，则最好选择 1000:1 以上的高对比度投影机。

● 其他功能：随着科技的发展，投影仪也变得越来越智能。除内置扬声器外，更多的投影仪搭载了独立操作系统，可实现网络连接，用户可直接通过网络观看在线视频。有些投影仪如坚果（如图 1-79 所示）、极米（如图 1-80 所示）、小米米家（如图 1-81 所示）等在系统中加入了 AI 语音交互系统，配备智能语音遥控器，支持声纹识别。除此之外，用户还能实现手机实时投屏画面，看照片、播视频、听音乐。

图 1-79　坚果投影仪

图 1-80　极米投影仪

图 1-81　小米米家投影仪

（2）智能音箱。

智能音箱是最近几年新兴的产物，相对于传统音箱的音乐播放的单一性功能，智能音箱拥有更多的功能。智能音箱拥有 WiFi、蓝牙等无线连接功能；可通过内置麦克风、语音助手与人进行交互；不仅可以播放音频资源，还可以兼顾百科查询和生活工具等功能。而最为突出的是智能音箱往往是家居物联网的入口，可以控制多种智能设备。

IDC 中国智能家居设备市场季度跟踪报告显示，2019 年，中国智能音箱市场出货量达到 4589 万台，同比增长 109.7%，阿里巴巴、百度和小米的市场份额占比超过 90%。其中，天猫精灵智能音箱（如图 1-82 所示）位居首位，全年出货量达 1561 万台；紧随其后的是小度智能音箱（如图 1-83 所示），全年出货量达 1490 万台；小米的小爱智能音箱（如图 1-84 所示）位居第三，全年出货量达到 1130 万台。

图 1-82　天猫精灵智能音箱　　　图 1-83　小度智能音箱　　　图 1-84　小爱智能音箱

任务4　解决计算机和移动终端常见故障

◆　任务描述

在使用计算机和移动终端的过程中，难免产生各种异常情况，你该如何帮助同事解决这些问题，确保计算机正常工作，并力争减少故障发生率，保护设备和资料的安全呢？

◆　任务目标

（1）能制定日常维护清单。

（2）能整理磁盘文件和碎片。

（3）能设置减少开机启动项。

（4）能完成杀毒软件的升级和病毒查杀。

（5）能对计算机常见故障进行分析和维护。

（6）能对移动终端常见故障进行分析和维护。

1.4.1　工作流程

1. 制定日常维护清单

在使用计算机前，制定一份合理可行的维护清单，指导使用者从安装、使用、维护等维度，正确使用计算机，规避可能对计算机造成损害的诸多因素，可以较低成本换来稳定的工作状态，减少不必要的故障发生。

日常维护清单包含但不仅限于以下几个方面（在制定具体方案时，应考虑工作需求、场地条件、天气情况等诸多因素，进行个性化设计）。

（1）保持良好的工作环境。

① 防静电：在使用计算机前，尤其是在安装、拆解计算机前，应当通过触摸金属水管等物体，释放身体的静电。

② 防震动：在安置和使用计算机时应注意防止碰撞。

③ 防灰尘：日常应注意计算机工作环境的清洁卫生，做好防尘工作，如图 1-85 所示。

④ 注意环境温度：可在使用计算机的工作环境中，尤其是在计算机密集区域安装空调，以保证计算机运行时环境温度适宜。

⑤ 注意环境湿度：在工作中应保持良好通风，不要在湿度大的地方长时间使用计算机。

⑥ 注意线路稳定性：可配备一个小型 UPS（不间断电源，如图 1-86 所示）或稳压器（如图 1-87 所示）对计算机进行保护，防止断电、电压不稳对计算机造成损害。

图 1-85　计算机防尘罩　　　图 1-86　UPS（不间断电源）　　　图 1-87　稳压器

（2）注意计算机的摆放位置。

① 防护：不要将计算机放置在窗边、饮水机旁等容易淋湿、长时间暴晒的位置，不宜将计算机放置在空调风路上。

② 稳定性：计算机安放平稳，避免滑动。

③ 空间：保留足够的工作空间，用于放置光盘和移动硬盘等常用配件。

④ 散热：多台计算机之间保留合理间距，确保散热良好。

⑤ 高度：调整好显示器的高度，使显示器上边与使用者视线保持同一水平高度，太高或太低都容易使操作者疲劳。可配备显示器支架或台架，以供灵活调整显示器高度，如图 1-88 和图 1-89 所示。

（3）对线路进行加固。

① 使用线槽：将计算机及外接设备的电源线、网线安置于线槽中，或紧贴墙面、电脑桌放置，避免行走中剐蹭、碰撞导致的供电不稳和线路损坏。线槽如图 1-90 所示。

② 使用扎带：使用扎带，将鼠标、键盘、打印机等设备的数据线扎牢，避免剐蹭和线路混乱。注意保留足够的长度，不同的线要分开扎，便于更换设备时进行操作。扎带如图 1-91 所示。

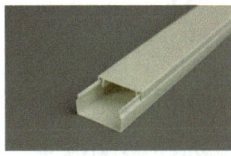

图 1-88　显示器支架　　　图 1-89　显示器台架　　　图 1-90　线槽　　　图 1-91　扎带

（4）日常使用中的注意事项。

① 阅读说明书：了解常见问题的解决方法和软硬件使用说明。不同品牌的硬件设备可能有不同的注意事项和操作流程。

② 保存驱动程序安装光盘：原装驱动程序通常是最适用的，能够最大限度发挥设备功能。在线下载的最新版驱动程序可能不适合陈旧型号的硬件。

③ 设置自动更新：自动更新可以为系统修复漏洞，避免受到攻击。

④ 清理回收站：回收站默认占用 C 盘空间，回收站中积累大量垃圾文件会影响系统响应时间。定期清空回收站可以释放存储空间。在删除文件时按【Shift+Delete】组合键可彻底删除文件。也可右击"回收站"图标，在弹出的快捷菜单中选择"属性"选项，在弹出的对话框中更改"回收站"的位置，使其不再占用 C 盘空间，如图 1-92 所示。

⑤ 清理桌面：桌面上存放的文件占用 C 盘空间，桌面上存放过多文件也会影响系统响应时间。可以将文件或文件夹保存至其他位置，而仅在桌面放置其快捷方式。右击"文件"或"文件夹"图标，在弹出的快捷菜单中选择"桌面快捷方式"选项，如图 1-93 所示。

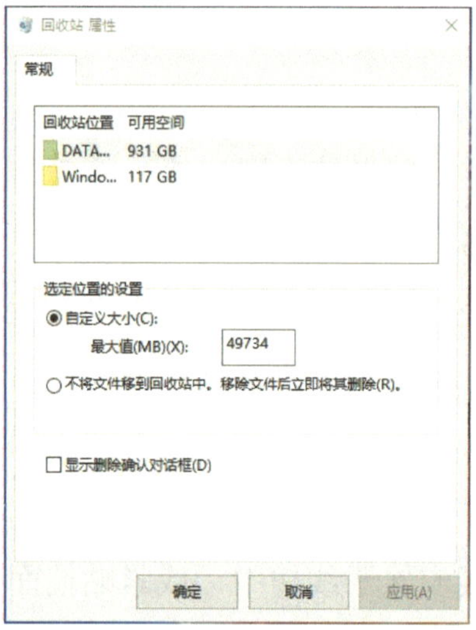

图 1-92　更改"回收站"位置

图 1-93　创建桌面快捷方式

⑥ 备份重要文件：建议将重要的文件保存至 U 盘、移动硬盘或网盘中，减少计算机无法正常工作或文件异常造成的损失。

（5）提高安全意识。

病毒导致的故障在计算机常见故障中所占比重很大，日常使用中应提高安全意识，养成以下习惯，从源头上降低感染病毒的概率：

① 他人的 U 盘、硬盘在打开之前先进行病毒查杀，自己的 U 盘、硬盘在其他计算机上使

用后也要进行病毒查杀。

②　各类光盘在插入光驱后先进行病毒检查，不使用自动运行程序，不购买来源不明的光盘。

③　一旦感染病毒，应及时断开网络，不共用 U 盘、硬盘，杜绝病毒二次传播。

④　运行程序或打开文件夹前，要仔细查看文件或文件夹类型。有些病毒会将可执行程序的图表和名称伪装成文件夹。

⑤　不打开来源不明的链接和邮件。

⑥　不下载、接收来源不明、类型不明的文件；到官方网站或其他正规网站下载软件。注意通过新闻媒体、杀毒软件的官方网站等，了解最新的病毒预警信息和防范方法。

2. 整理磁盘文件和碎片

在计算机中频繁进行存储和删除等复杂操作时，部分文件会以不连续的碎片形式存储在磁盘中；浏览网页时为实现快速查看，会有大量临时文件存储在磁盘中；频繁安装和卸载软件会产生大量垃圾文件……很多操作都会产生垃圾文件和文件碎片，严重时会造成计算机卡顿。

（1）双击"此电脑"图标，右击需要清理的磁盘，在弹出的快捷菜单中单击"属性"选项，如图 1-94 所示。

（2）在弹出的对话框中，单击"磁盘清理"按钮，如图 1-95 所示。

（3）在弹出的对话框中，选择需要清理的文件类型。此时单击各类型文件名称，可以查看具体描述，如图 1-96 所示。

图 1-94　快捷菜单　　　图 1-95　单击"磁盘清理"　　　图 1-96　选择需清理的
　　　　　　　　　　　　　　　　　按钮　　　　　　　　　　　　文件类型

（4）此时单击"清理系统文件"按钮，可以清理系统所有更新的副本文件。需要注意的是，系统更新副本删除后，系统将无法恢复到更新前的版本，如图 1-97 所示。

（5）依次单击"确定""删除文件"按钮，系统将对选中的文件进行清理，清理完成后将退出磁盘清理程序，如图 1-98 所示。

（6）双击打开"此电脑"图标，右击需要进行清理的磁盘，在弹出的快捷菜单中单击"属性"选项。在弹出的对话框中选择"工具"选项卡，单击"优化"按钮，如图 1-99 所示。

图 1-97　清理系统更新副本　　　　图 1-98　删除文件　　　　图 1-99　单击"优化"按钮

（7）在弹出的对话框中选择要进行碎片整理的磁盘，单击"分析"按钮，系统将对选中的磁盘进行分析，并以百分比的形式显示分析进度，如图 1-100 所示。

（8）单击"优化"按钮，系统将对选中的磁盘进行整理，整理完成后单击"关闭"按钮退出磁盘碎片整理程序，如图 1-101 所示。

图 1-100　选择进行碎片整理的磁盘　　　　图 1-101　整理磁盘碎片

3．设置减少开机启动项

在使用计算机的过程中会根据需要安装各类应用程序，其中部分程序默认设置为系统开机启动，但这些设置可能并非必要，反而会影响开机启动速度。

（1）单击"开始"按钮，打开"开始菜单"，依次单击"Windows 系统"→"Run"/"运行"按钮，如图 1-102 所示。

（2）在弹出的对话框中输入"msconfig"指令，单击"确定"按钮，如图 1-103 所示。

图 1-102　"Run"按钮

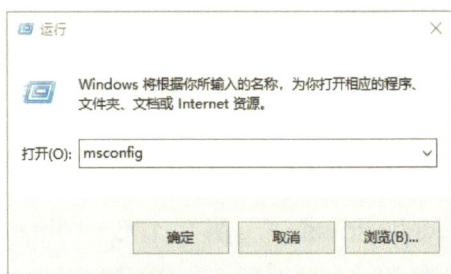

图 1-103　输入"msconfig"指令

（3）在弹出的对话框中，单击"启动"选项卡，选择需要禁止开机启动的程序，如图 1-104 所示。有的系统版本可以在任务管理器的"启动"选项卡中选择需要禁止开机启动的程序。

此处建议允许杀毒软件开机启动。

图 1-104　设置启动项

4．升级杀毒软件并完成病毒查杀

杀毒软件种类繁多，此处以 Windows 系统自带的 Windows Defender 为例。

Windows Defender 软件基本的杀毒和防护功能比较完备，可以支撑基本的使用需求。如不需要其他拓展功能，在 Windows 10 系统下可以不安装第三方杀毒软件及配套软件。

使用 Windows Defender 进行病毒查杀，操作步骤如下。

（1）单击"开始"按钮，打开"开始"菜单，找到 Windows Defender/Windows 安全中心，如图 1-105 所示。

（2）在弹出的对话框中单击左侧的"病毒和威胁防护"按钮，向下拖动滚动条，单击"检查更新"按钮，对软件进行更新，如图 1-106 所示。

（3）完成更新后，单击"扫描选项"按钮，如图 1-107 所示。

图 1-105 Windows 安全中心　　**图 1-106 "检查更新"按钮**　　**图 1-107 "扫描选项"按钮**

（4）根据具体情况选择扫描范围，如图 1-108 所示。

快速扫描：扫描系统中的关键位置和经常发现病毒威胁的位置。

完全扫描：对系统下所有磁盘进行彻底扫描。

自定义扫描：由用户自行选择扫描范围。

（5）扫描完成后，处理扫描结果，通常选择删除感染文件，如图 1-109 所示。

图 1-108 选择扫描范围　　　　　　**图 1-109 处理扫描结果**

（6）单击左侧的"防火墙和网络保护"按钮，根据当前的网络状态，单击对应的按钮，如图 1-110 所示。

（7）单击"开"按钮，打开防火墙，如图 1-111 所示。

图 1-110　防火墙和网络保护

图 1-111　开启防火墙

5. 对计算机常见故障进行分析和维护

（1）计算机故障维修的基本原则。

先软后硬：排除软件故障比排除硬件故障相对容易，因而应遵循"先软后硬"原则，即首先分析操作系统和软件是否出现故障，排除之后再检测硬件故障情况。

先外后内：先检查外部设备，如显示器、键盘、鼠标等，是否运转正常，然后查看电源、线路的连接是否正确，最后再拆解机箱进行查看（尽可能不拆解机箱中的硬件）。

先电后件：先检查电源是否连接松动、电压是否稳定，再检查硬件的数据线连接是否正常。

先易后难：先对简单易修的故障进行排除。有时简单故障排除后，较难的故障也会变得容易排除。

交换检测：从正常状态的计算机中调取组件，替换故障机中的组件，观察效果。

（2）计算机常见故障的分析与维护。

计算机出现故障的现象和原因多种多样，这里仅列举较为常见、易于处理的情况。如遇电路虚焊、器件故障，就需要专业维修人员进行操作，贸然维修可能导致硬件彻底损毁。在实施维修前，应先根据故障的现象分析该故障的类型，确定要应用何种方式进行处理，切勿盲目操作，以免引发新的故障。

① 键盘、鼠标等外接设备失灵。

可能原因：USB 接口接触不良。

处理方法：插拔 USB 线，更换接口。

② 显示"无法正常启动"。

可能原因：因安装软件、病毒或错误操作导致系统文件损坏、丢失。

处理方法：重复强制开关机 3 次后，在故障修复界面中，选择"启动修复"选项，或选择"启动设置"→"启动安全模式"选项，按系统提示进行修复操作，如图 1-112 所示。

图 1-112　"启动设置"选项

③ 显示器显示"无信号输入"或"No Signal"。

可能原因：VGA 线损坏，或错置于主板接口。

处理方法：插拔 VGA 线，检查接口状态，接入显卡接口，如有需要更换 VGA 线。

④ 开机异响。

可能原因：灰尘聚集或内存金手指氧化。

处理方法：拆解机箱，清理灰尘，使用橡皮清理内存的金手指。

6．对移动终端常见故障进行分析和维护

移动终端出现故障是常见现象，如果了解故障，知道应对措施，就能很快解决问题，在节省时间的同时还能省钱。下面列举一些常见的问题及处理办法。

① 无法接收、发送短信。

原因分析：短信中心号码错误。

处理方法：打开信息，单击虚拟菜单键，依次点击"设置"→"短信服务中心"选项，将短信中心号码设置为当地网络运营商的短信中心号码。

注意：不同运营商、不同地域短信中心各不相同，可致电当地电信运营商咨询。

② 触屏不灵敏。

原因分析：如果是充电时触屏不灵敏，一般为非原装充电器输出电压不稳定造成的触屏不灵敏；屏幕保护膜导致触屏不灵敏；静电导致触屏不灵敏；系统软件原因；移动终端被 ROOT（ROOT：安卓系统移动终端获取权限的意思）；硬件故障。

处理方法：更换原装充电器，或撕开保护膜，或按两次开关可释放静电，或在备份好资料的情况下恢复出厂设置。若问题还是不能解决，可查看是否有新的系统版本，可升级到最新版本的系统。

③ 死机。

原因分析：后台运行程序太多，占用运行内存过多，造成系统假死、死机情况；中病毒；存储资料过多或安装太多程序。

处理方法：退出部分后台运行的程序，并养成通过返回或退出虚拟按键退出运行程序的习惯；安装杀毒软件杀毒（鸿蒙系统、安卓系统可安装相关管理软件进行处理，参考 1.2.1 节中的"5．为移动终端安装常用软件"，iOS 系统则不需要）；删除及卸载部分不常用资料和程序，

或者将部分程序转移到内存卡。

④ 自动关机。

原因分析：电池触点或电池连接器氧化；静电引起；电量不足引起；ROOT 引起；设置了定时开关机。

处理方法：使用橡皮擦或者棉签擦拭电池连接器和充电器；保持手机清洁，或配手机皮套；因电量不足引起，则充电即可；将手机送到售后网点进行升级处理；重新启动后将定时关机取消。

⑤ 机身发热或发烫。

原因分析：智能移动终端相当于一台微型计算机，CPU 工作时会产生热量，热量通过外壳散发，所以有时会感觉到机身发热，这是正常现象。在玩大型游戏或充电时，发热现象会体现得较为明显。

处理方法：尽量避免长时间拨打电话、观看视频及充电时玩游戏等，或者在恒温、通风的环境下使用手机，切勿在发热过程中仍然长时间运行移动终端。

⑥ 耗电快，待机时间短。

原因分析：后台运行程序较多；屏幕亮度偏高；开启蓝牙、GPS、WiFi 及数据连接等。

处理方法：调出最近运行的程序，滑动退出后台运行的程序；适当调低屏幕亮度；不使用时关闭蓝牙、GPS、WiFi 或数据连接等。

1.4.2 知识与技能

1. 计算机病毒概述

计算机病毒（Computer Virus）是编制者在计算机程序中插入的能破坏计算机功能或数据会影响计算机使用，并可自我复制的一组计算机指令或者程序代码。

计算机病毒是人为制造的，具有破坏性、传染性和潜伏性，能对计算机信息或系统起破坏作用。它不是独立存在的，而是隐蔽在其他可执行的程序中的。计算机感染病毒后，轻则影响机器运行速度，重则死机、系统被破坏，给用户带来很大的损失。

2. 计算机病毒分类

计算机病毒按存在的媒体分为引导型病毒、文件型病毒和混合型病毒；按链接方式分为源码型病毒、嵌入型病毒和操作系统型病毒；按计算机病毒攻击的系统分为攻击 DOS 系统病毒、攻击 Windows 系统病毒、攻击 UNIX 系统病毒。如今的计算机病毒正在不断地更新，其中包括一些独特的新型病毒还暂时无法按照常规的类型进行分类，如互联网病毒（通过网络进行传播）、电子邮件病毒等。

3. 病毒传播途径

计算机病毒有自己的传播模式和传播途径。由于计算机程序可自我复制，这使得计算机病毒的传播变得非常容易，通常在可交换数据的环境中进行病毒传播。计算机病毒有三种主要传播方式。

（1）通过移动存储设备进行病毒传播，如 U 盘、光盘、移动硬盘等。

（2）通过网络传播。随着网络技术的发展和互联网的运行速度的增加，计算机病毒的传播速度越来越快，范围也在逐步扩大。

（3）利用计算机系统和应用软件的漏洞传播。近年来，越来越多的计算机病毒利用应用系统和软件应用的漏洞传播出去，因此，这种途径也被划分为计算机病毒的基本传播方式。

考核评价

◆ 考核项目

将班级学生按 4 人一组进行分组，组内合作完成以下实践项目。组员间要相互交流、互相帮助，禁止包办。

项目 1：校学生会要开设一个便民影印服务社，为同学们免费提供文件及照片打印、扫描、复印等业务。请你为他们提供一份选配设备的清单。

项目 2：校学生会要召开纳新宣讲会，请你将笔记本电脑与投影仪、蓝牙音箱、翻页笔连接并调试好。

项目 3：校学生会办公室有一台网络打印机，请你将自己的笔记本电脑与其连接好，并将同学们上交的简历打印出一份。

项目 4：校学生会办公室有一台台式机经常死机，请你进行初步的诊断和处理，并将操作流程图画出来。

项目 5：将"项目 1"中的清单和"项目 4"的流程图以共享文档的形式分享到班级 QQ 群中。利用手机或平板电脑拍摄"项目 2"和"项目 3"的操作结果照片，并将其上传到班级的云盘中。

◆ 评价标准

根据项目任务的完成情况，从以下几个方面进行评价，并填写表 1-3。

（1）方案设计的合理性（10 分）。

（2）设备和软件选型的适配性（10 分）。

（3）设备操作的规范性（10 分）。

（4）小组合作的统一性（10分）。

（5）项目实施的完整性（10分）。

（6）技术应用的恰当性（10分）。

（7）项目开展的创新性（20分）。

（8）汇报讲解的流畅性（20分）。

表 1-3　评价记录表

序号	评价指标	要求	评分标准	自评	互评	教师评
1	方案设计的合理性（10分）	各小组按照项目内容，对项目进行分解，组内讨论，完成项目的方案设计工作	方案合理，得8~10分； 方案需要优化，得5~7分； 方案不合理，需要重新讨论后设计新方案，得0~4分			
2	设备和软件选型的适配性（10分）	各小组根据方案，对设备和软件进行选择和应用	选择操作简便，应用简单的设备和软件，得8~10分； 满足项目要求，但操作不简便，得5~7分； 重新选择得0~4分			
3	设备操作的规范性（10分）	各小组根据设备和软件的选型进行操作	能够规范操作选型设备和软件，得8~10分； 没有章法，随意操作，得5~7分； 不会操作，胡乱操作，得0~4分			
4	小组合作的统一性（10分）	各小组根据项目执行方案，小组内分工合作，完成项目	分工合作，协同完成，得8~10分； 组内一半人员没有参与项目完成，得5~7分； 一人完成，其他人没有操作，得0~4分			
5	项目实施的完整性（10分）	各小组根据方案，完整实施项目	项目实施，有头有尾，有实施，有测试，有验收，得8~10分； 实施中，遇到问题后项目停止，得5~7分； 实施后，没有向下推进，得0~4分			
6	技术应用的恰当性（10分）	项目实施使用的技术，应当是组内各成员都能够熟练掌握的，而不是仅某一个人或者几个人会应用	实现项目实施的技术全部都会应用，得8~10分； 组内一半人会应用，得5~7分； 只有一个人会应用，得0~4分			
7	项目开展的创新性（20分）	各小组领到项目后，要对项目进行分析，采用创新的手段完成项目，并进行汇报、展示	实施具有创新性，汇报得体，得16~20分； 实施具有创新性，但是汇报不妥当，得10~15分； 没有创新性，没有汇报，得0~9分			
8	汇报讲解的流畅性（20分）	各小组要对项目的完成情况进行汇报、展示	汇报展示使用演示文档，汇报流畅，得16~20分； 没有使用演示文档，汇报流畅，得10~15分； 没有使用演示文档，汇报不流畅，得0~9分			
总　分						

小组成员：_____

模块 2　小型网络系统搭建

　　计算机网络技术是将处于不同地理位置的具有独立功能的计算机及其他设备，通过通信链路连接起来的技术，在网络操作系统、网管软件及网络通信协议的管理和协调下，实现资源共享和信息传递。随着网络技术的普及和应用，互联网已经成为人们赖以生存的生活方式，它将个人计算机与网络连接起来，通过信息技术的手段实现网上学习、网上交流等活动。人们可以与远在千里之外的朋友互发邮件、共同完成一项工作、共同娱乐等。因此，作为新时代的中等职业学校学生，通过掌握小型网络系统搭建相关知识和技能，将有助于自身对网络信息技术知识的理解，并能高效使用网络。本模块通过搭建小型局域网络来进行网络系统的设计与构建。

职业背景

　　随着计算机及互联网技术的发展，现在人们无论是在家还是在工作单位，都有网络可以使用。网络生活已经成为人们的一种生活方式。那么，作为新时代的中职学校学生，该如何组建这样功能齐全的小型网络系统呢？

　　随着各行业业务系统的发展，对网络使用的需求及规模都在逐步增加，在组建网络的过程中，要考虑的因素也越来越多，如网络规模、传输音视频的带宽需求及网络安全等问题。基于这些方面，掌握搭建小型网络系统的技能尤为重要。

学习目标

1. 知识目标

（1）实现局域网内部的设备接入。

（2）了解网络系统中各设备网络地址的分配方法。

（3）实现局域网内设备接入互联网。

2. 技能目标

（1）根据职业岗位的要求，保质保量地完成小型网络系统的搭建工作。

（2）根据职业岗位的有关特点，对小型网络系统进行搭建和测试。

（3）运用常用网络命令工具对组建的网络进行检查。

（4）培养组建网络系统的技巧和能力。

3. 素养目标

（1）培养遵纪守法、爱岗敬业、讲求时效、细心谨慎、团结协作、爱护设备、尊重知识产权的职业素养。

（2）锻炼团队协作能力。

任务 1　设计公司网络拓扑结构

本任务通过了解网络设备的基本知识，掌握小型网络系统中网络设备的使用方法。通过对需求的分析，设计出公司所使用的网络拓扑结构，进一步掌握小型网络系统拓扑结构的设计流程。

◆　任务描述

某公司由于业务发展需要扩大办公规模，出于对公司网络运营和业务数据的保密考虑，请本公司的网络管理员组建新办公网络环境。由于该公司网管员仅对简单网络搭建有所了解，还不能完全胜任较复杂的网络组建任务，因此，需要先学习网络搭建的相关知识，尤其是局域网中路由器和交换机设备的相关知识，并根据公司网络的基本要求，设计可以适应大访问量的网络拓扑结构。

◆　任务目标

根据任务内容的描述，需要先了解交换机、路由器的基本知识，掌握基本的网络接入方法，据此确定本任务的目标如下：

（1）认识网络系统中的关键硬件设备。

（2）根据网络接入方法，设计适应未来业务发展需要的网络拓扑结构，能支撑更多人员使用更大流量网络负载的需要。

2.1.1 工作流程

1. 认识拓扑结构中的网络设备

（1）交换机。

交换机类似于一台专用的特殊通信主机，包括硬件系统和操作系统。交换机信息转发的核心功能通过 ASIC 芯片来实现，由于采用硬件芯片来转发数据信息，信息在网络中传输的速度很快，尤其星形网络为所连接的两台设备提供一条独享的点到点的链路，避免了冲突的发生，所以能够比集线器更有效地进行数据传输。

虽然不同的交换机产品由不同的硬件设备构成，但组成交换机的基本硬件一般都包括 CPU、RAM、ROM、Flash 等。

交换机的基本功能包括地址的学习、帧转发及过滤、环路避免，其逻辑结构如图 2-1 所示。

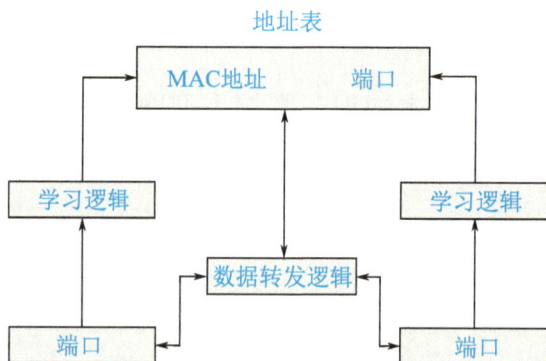

图 2-1 交换机的逻辑结构

在交换机的逻辑结构中，重点是对 MAC 地址表的管理。那么交换机是怎么处理 MAC 地址的呢？交换机地址学习就是基于 MAC 地址的学习，它能够记录所有连接到其端口设备的 MAC 地址，其内部有一张 MAC 地址表。MAC 地址表是标识目的 MAC 地址与交换机端口之间映射关系的表，如图 2-2 所示，该表中存放着所有连接到端口设备的 MAC 地址及相应端口号的映射关系。

当交换机被初始化时，其 MAC 地址表是空的。此时，如果有数据帧到来，交换机就向除了源端口之外的所有端口转发，并把源端口和相应的 MAC 地址记录在 MAC 地址表中。以后每收到一条信息都查看地址表，有记录的就直接转发，没有记录的则把对应信息记录下来。直到连接到交换机上的所有计算机都发送过数据之后，交换机的 MAC 地址表才算最终建立完成。

一台交换机要想正常地工作，还需要进行参数配置，实现对网络的管理。对交换机的管理有两种方式：带外管理和带内管理。

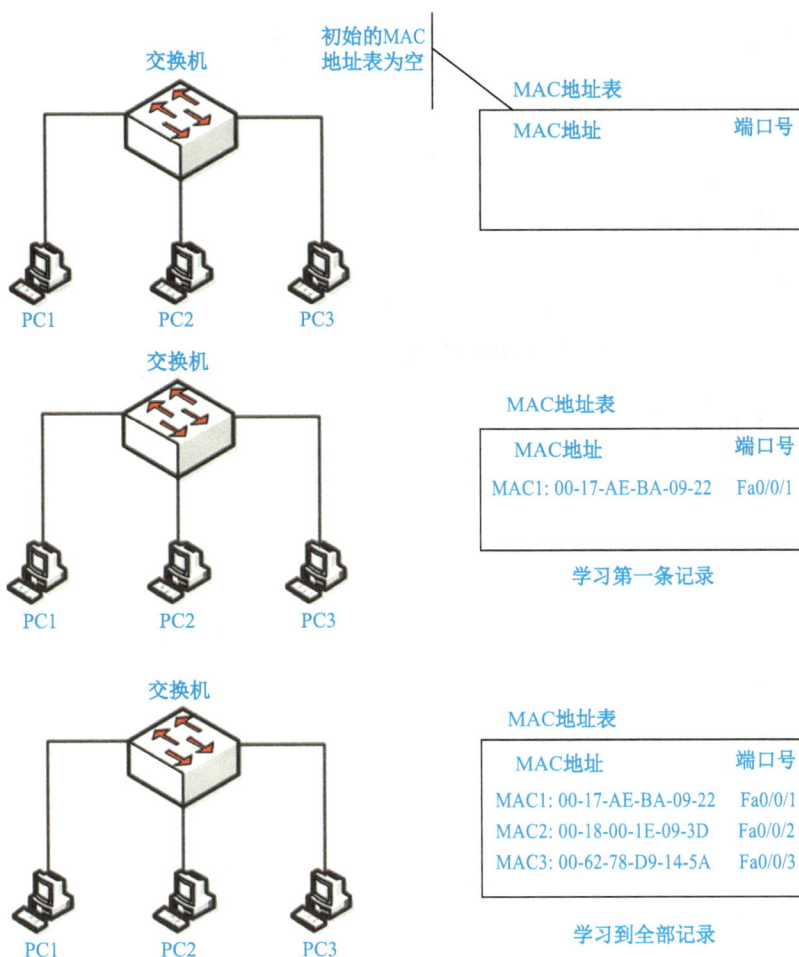

图 2-2　交换机 MAC 地址表的学习过程

带外管理即通过 Console 口进行管理。通常情况下，在首次配置交换机或者无法进行带内管理时，用户会使用带外管理方式。

带内管理是通过 Telnet 程序登录到交换机，或通过远程访问软件对交换机进行配置管理。如果交换机提供带内管理，连接到交换机上的设备将具有管理交换机的功能。当交换机的配置出现更改，或带内管理出现问题时，可以使用带外管理对交换机进行配置管理。

（2）路由器。

互联网有多种接入方式，既包括 ADSL 技术，也有 LAN 接入技术。在此项目中将采用 LAN 接入技术，该技术是将光纤直接接入公司或者办公楼，然后通过网线与各用户的终端相连，为公司员工提供高速上网和其他宽带数据服务。

LAN 接入的特点是传输速率高，网络稳定性好，安装方便，用户端投入成本低。

随着信息技术的迅猛发展，无线上网也成了当下最流行的网络接入技术之一，在企业中也不例外。目前市场上的路由器品牌种类众多，本项目选择带有无线功能的 TP-Link 路由器，实现局域网内的互通互联。

路由器的主要功能是实现路由选择和流量控制。对于普通用户来说，只需要按照说明书安装和使用即可。但作为学习信息技术课程的学生，需要了解并掌握路由器的基本工作原理，如图 2-3 所示。

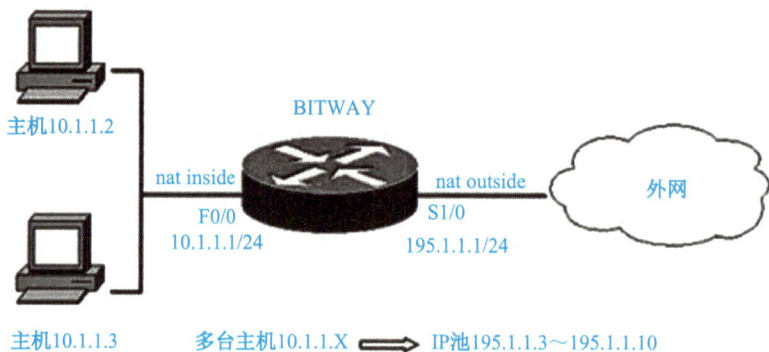

图 2-3　路由器地址转换的基本过程

路由器处于内部局域网和外网的连接处，当内部计算机向外部网络发送数据时，数据报将通过无线路由器。NAT 进程会查看报头内容，判断该数据报是发送给内部网络还是外部网络，如果是发送给外部网络，它会将数据报的源地址字段的私有 IP 地址转换成公网 IP 地址，并将该数据报发送到外部服务器，同时在网络地址转换表中记录这一映射关系。外部网络给内部网络计算机发送应答数据报文时，到达无线路由器后，NAT 进程再次查看报头内容，然后查找当前网络地址转换表的记录，用原来的内部网络计算机的 IP 地址进行替换。

2. 网络拓扑结构

根据基础模块所学知识，为满足公司发展需要，可以将公司未来发展的网络拓扑结构设计成如图 2-4 所示的结构，在这个网络系统中，有路由器（带无线功能）、交换机、网线、PC、笔记本电脑等设备。

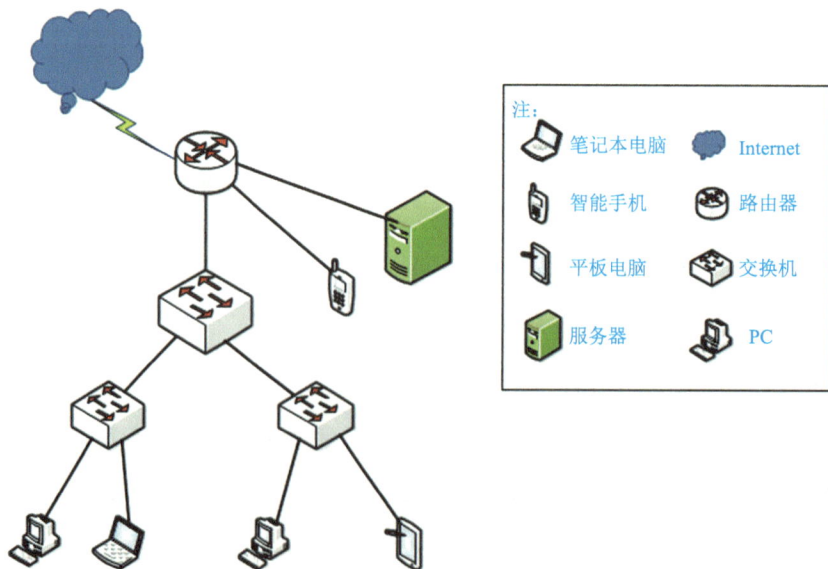

图 2-4　网络拓扑结构

2.1.2　知识与技能

根据公司业务访问量、人员规模、带宽需求、访问控制权限等，合理选择满足需求的网络设备，设计网络拓扑结构，组建网络。

任务 2　划分 IP 地址与计算子网掩码

本节通过了解 IP 地址的分类，掌握 IP 地址的划分技巧；通过对公司业务发展的分析，设计出公司所使用的 IP 地址分段网络，进一步了解 IP 地址划分方法及子网掩码计算流程。

◆　**任务描述**

根据任务要求，网络管理员还需要掌握基本的网络 IP 地址划分技术。对公司商业机密要求高的服务器等设备要进行网络隔离，对多个部门能否互访要进行权限控制，这些都可以通过划分子网的方法来解决。

◆　**任务目标**

根据任务内容的描述，需要先了解 IP 地址的分类；通过 IP 地址的划分及计算方法，可以设计各个部门使用的子网网段及子网掩码。据此确定本任务的目标如下：

（1）了解 IP 地址的分类。

（2）掌握 IP 地址划分及子网掩码计算的方法。

（3）根据网络安全的要求，能设计出各部门使用的子网 IP 地址段及子网掩码。

2.2.1　工作流程

1. IP 地址分类

由于网络中计算机的数量不同，按照网络规模的大小，把 32 位地址信息（此处以 IPv4 为例）划分为 5 类，分别为 A 类、B 类、C 类、D 类和 E 类，见表 2-1。

表 2-1　IP 地址的分类

IP 地址类型	IP 地址范围
A 类	1.0.0.0～126.255.255.255
B 类	128.0.0.0～191.255.255.255
C 类	192.0.0.0～223.255.255.255
D 类	224.0.0.0～239.255.255.255
E 类	240.0.0.0～255.255.255.255

（1）A类IP地址。

如果用二进制表示IP地址的话，A类IP地址就是由1字节的网络地址和3字节的主机地址组成的，网络地址的最高位必须是0。A类IP地址中的网络标识长度为7位，主机标识长度为24位。A类网络地址数量较少，可以用于主机数达$2^{24}-2$台的大型网络。

（2）B类IP地址。

B类IP地址是由2字节的网络地址和2字节的主机地址组成的，网络地址的前两位必须是二进制的10。B类IP地址中的网络标识长度为14位，主机标识长度为16位。B类网络地址适用于中等规模的网络，每个网络所能容纳的计算机数为$2^{16}-2$台。

（3）C类IP地址。

C类IP地址是由3字节的网络地址和1字节的主机地址组成的，网络地址的前三位必须是二进制的110。C类IP地址中网络标识长度为21位，而主机标识长度为8位。C类IP地址中，网络地址数量众多，比较适合于小规模的局域网，每个网络最多只能包含2^8-2台计算机。

（4）D类IP地址。

D类IP地址是保留地址，用于组播。

（5）E类IP地址。

E类IP地址是保留地址，用于实验。

2. 私有IP地址

私有IP地址是国际互联网代理成员管理局在IP地址范围中将部分IP地址保留，作为私有IP地址或者专门用于内部局域网的IP地址。

私有IP地址主要用于局域网，在Internet上是无效的。私有IP地址的划分范围如下。

A类：10.0.0.0～10.255.255.255；

B类：172.16.0.0～172.31.255.255；

C类：192.168.0.0～192.168.255.255。

以上3个网段的IP地址不会在互联网上进行分配，可根据公司内部网络规模的需求，直接应用于公司内部网络。

3. IP地址规划与子网掩码计算

IP地址的规划主要是为了减少IP地址的浪费。如果不能合理地对IP地址进行规划，就会浪费很多IP地址。那么，让我们先确定企业内部子网数量及每个子网内的主机数，然后通过计算子网掩码的方法来进行IP地址划分。

（1）将子网数转换成二进制数表示。

（2）取出该二进制数的位数为N。

（3）取出该 IP 地址的子网掩码，将其主机地址部分的前 N 位置 1，即可得到 IP 地址划分子网的子网掩码。

例如，将一个 C 类 IP 地址 192.16.5.0 划分成 5 个子网。

（1）$5 = (101)_2$。

（2）该二进制数为 3 位数，$N = 3$。

（3）将 C 类 IP 地址的子网掩码 255.255.255.0 的主机地址前 3 位置 1，后面全部置 0，也就是拿出 3 位标识网络，转成为 255.255.255.224，即划分为 5 个子网的 C 类 IP 地址的子网掩码。

2.2.2　知识与技能

1. IP 地址的分类

按照网络规模的大小，IP 地址可以分为 A 类、B 类、C 类、D 类、E 类共 5 类。本节要求能够熟悉各类 IP 地址中有几位表示网络地址、几位表示主机地址，以及网络数量和主机数量的表示方法。

2. 利用 IP 地址的点分十进制表示方法进行子网掩码的计算

随着公司业务的发展，各部门在访问公司内部资源时，或多或少都会存在访问权限问题。有效地控制部门的访问控制权限，可以通过合理设计子网及分配 IP 地址来解决；还可以通过使用主机位来计算出子网数量及主机数量，做到局域网内子网间的网络隔离。

任务 3　小型网络系统的搭建

根据对网络权限分配的不同要求，在搭建小型网络系统时需要注意多个技术点。首先要了解不同的网络连接方式，明白不同接头的网线何时使用。在对每个部门的访问权限进行分析后，合理配置路由器的访问控制功能。另外，为了方便笔记本电脑连接网络，还需掌握 DHCP 的配置过程及使用方法。

◆　**任务描述**

通过 IP 地址划分的子网可实现对各部门访问权限的控制。在网络实施过程中，正确使用网线及配置出口路由器参数等，才能达到上述对访问控制设想的要求。

◆　**任务目标**

根据任务内容的描述，需要先了解不同的网络连接方式；通过配置路由器及网络权限控制，来实现各部门内计算机的互联网访问。因此，本任务目标分解如下：

（1）正确使用不同连接方式的网线。

（2）掌握路由器、IP 地址配置及子网掩码划分对网络权限的控制。

（3）掌握 DHCP 配置过程和使用方法。

2.3.1　工作流程

1. 连接网线

网线制作完成后，开始连接网络。这项工作比较简单，只需要把网线两端的水晶头分别插到计算机的网卡插口和交换机插口即可，如图 2-5 所示。

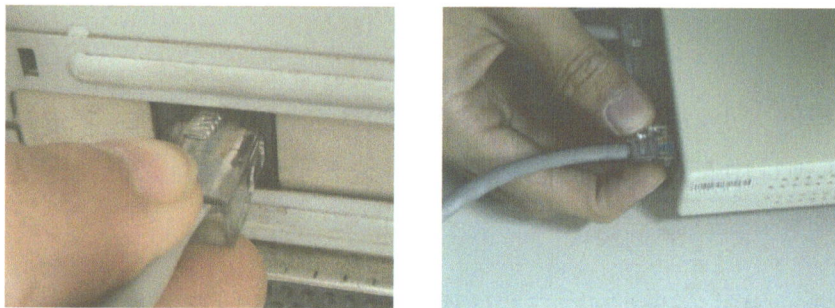

图 2-5　水晶头连接

这里主要采用星形结构连接，必须将一端接到需要连入网络的计算机，而另一端接到交换机上，如图 2-6 所示。从图 2-6 中可以看出，交换机上的每一根网线都对应一台连入网络的计算机。

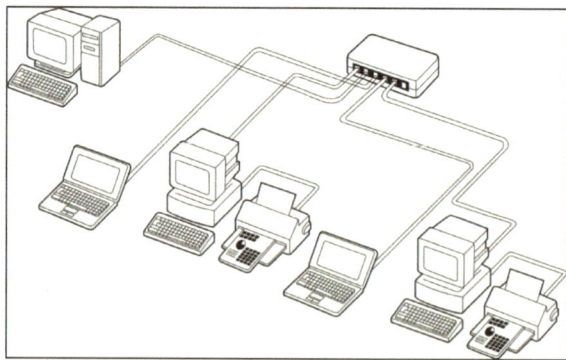

图 2-6　交换机与计算机的连接效果

2. 路由器及 IP 地址配置

在笔记本电脑桌面的右下角，单击"无线网络"图标，然后得到无线网络的连接界面，如图 2-7 所示，在界面中选择需要连接的无线网络。

双击要加入的 SSID，然后输入无线网络密码。连接成功后，即可通过浏览器访问无线路由器的配置界面。

打开浏览器，输入 192.168.1.1，输入用户名和密码（如图 2-8 所示），此时的用户名和密码都是默认值，登录后的界面如图 2-9 所示。

图 2-7　无线网络连接

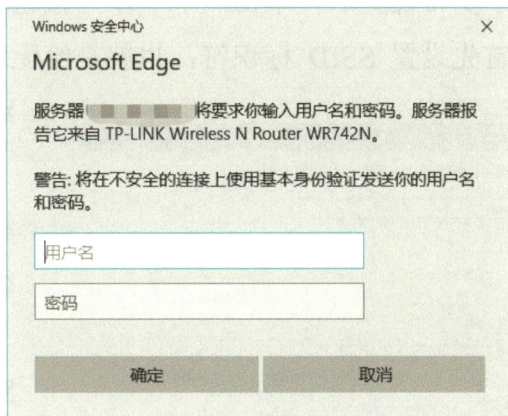

图 2-8　路由器登录界面

图 2-9　路由器登录后的界面

通过"设置向导"进行下一步操作，根据提示，选择所需的上网方式，如图 2-10 所示。目前主流的家庭上网为 PPPoE 方式，此处假设公司申请了专线，因此选择"静态 IP"选项。

通过单击"下一步"按钮，进入公网 IP 地址配置界面，如图 2-11 所示。

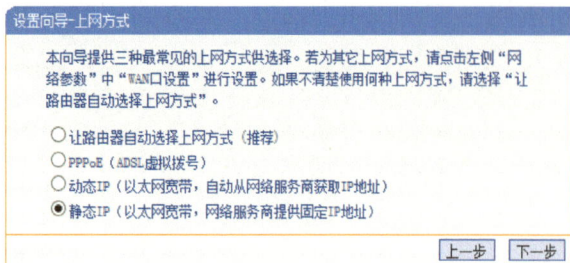

图 2-10　上网方式选择

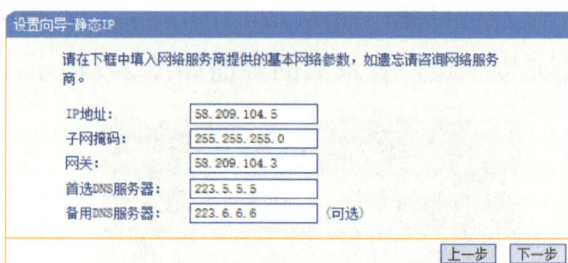

图 2-11　公网 IP 地址配置界面

在完成了宽带设置后，单击"下一步"按钮，进入无线设置向导（如图 2-12 所示），在该页面上，首先设置 SSID 标识符，也就是给无线网络取个名字。如果所处的环境中无线网络较多，可以设置一个容易识别的名字。

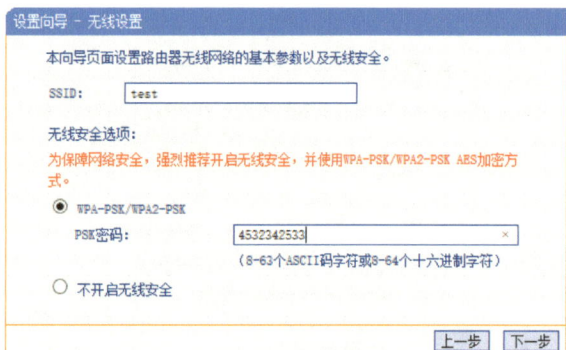

在如图 2-12 所示界面中，最好使用"无线安全选项"，防止未经授权的用户使用该无线网络。

图 2-12　无线设置界面

完成加密设置后，单击"下一步"按钮，路由器基本配置完成，并提示重启路由器。等待路由器启动后，再次登录无线路由器，配置 DHCP（动态主机配置协议）服务。

在同一个网络中，如果有两台以上的计算机使用相同的 IP 地址，就会产生 IP 地址冲突。一旦发生 IP 地址冲突，便会给使用网络资源的用户带来不便，甚至使其无法正常使用网络。这主要是由于 IP 地址分配不当及管理不善造成的。随着公司规模的扩大，网络规模也在增大，分别给每台计算机分配和设置 IP 地址、子网掩码、网关等也是一项庞大的工作。

引入 DHCP 服务可以避免手动分配 IP 地址的麻烦。在局域网中，启用 DHCP 服务后，当有计算机连接到内部网络时，便可以自动获取局域网 IP 地址，实现网络的互联。DHCP 服务器的主要功能是为主机分配和管理 IP 地址，其基本工作过程如图 2-13 所示。

① 客户端广播DHCP Discover消息

② 服务器提供地址租约（Offer）

③ 客户端选择并请求地址租用（Request）

④ 服务器确认将地址租用给客户端（ACK）

DHCP客户端　　　　　　　　DHCP服务器

图 2-13　DHCP 服务器的基本工作过程

DHCP 服务的工作原理如下：

（1）主机发送 DHCP Discover 报文，在网络上寻找 DHCP 服务器。

（2）DHCP 服务器向主机发送地址租约数据包，包含 IP、MAC 地址、域名信息等。

（3）主机发送请求广播，正式向服务器请求分配已提供的 IP 地址。

（4）DHCP 服务器向主机发送 ACK 包，确认主机的请求。

DHCP 服务通过以上 4 步来确保客户端计算机获取正确的且未分配的 IP 地址。尤其在现在无线网络使用越来越普遍的情况下，应用 DHCP 服务可以带来如下好处：

（1）降低网络接入成本。

（2）简化配置任务，降低网络建设成本。采用动态地址分配，极大简化了设备配置。

（3）集中化管理。在对几个子网进行配置管理时，有任何配置参数的变动，只需要修改和更新 DHCP 服务的配置即可。

在路由器界面上，单击"DHCP 服务器"选项，可以进行 DHCP 服务的配置，如图 2-14 所示。

图 2-14　DHCP 服务配置界面

选中"启用"单选钮，使用 DHCP 服务器配置 IP 地址池的开始地址和结束地址，同时也要配置网关及 DNS 等信息，然后保存返回。

3. 配置计算机的 IP 地址

（1）网络连接完成后，可以通过配置路由器上的 DHCP 功能实现计算机自动获取 IP 地址池中的 IP 地址，这个过程相对比较简单。也可以通过手动配置，为计算机分配指定的 IP 地址及子网掩码。

（2）如图 2-15 所示，单击"网络和 Internet"选项。在"查看网络状态和任务"窗口中，右击"以太网"选项，在弹出的快捷菜单中选择"属性"命令，如图 2-16 所示，打开本地连接属性窗口。

图 2-15 "网络和 Internet"选项

图 2-16 快捷菜单中的"属性"命令

（3）在"以太网 属性"对话框中选中"Internet 协议版本 4（TCP/IPv4）"选项，并单击其下方的"属性"按钮，如图 2-17 所示。

（4）在弹出的"Internet 协议版本 4（TCP/IPv4）属性"窗口的"常规"选项卡中选择"使用下面的 IP 地址"选项，此时 IP 地址栏和子网掩码栏从灰色变为白色，从而可以在其后面的文本框中输入相应的 IP 地址和子网掩码，如图 2-18 所示。

图 2-17 "以太网 属性"对话框

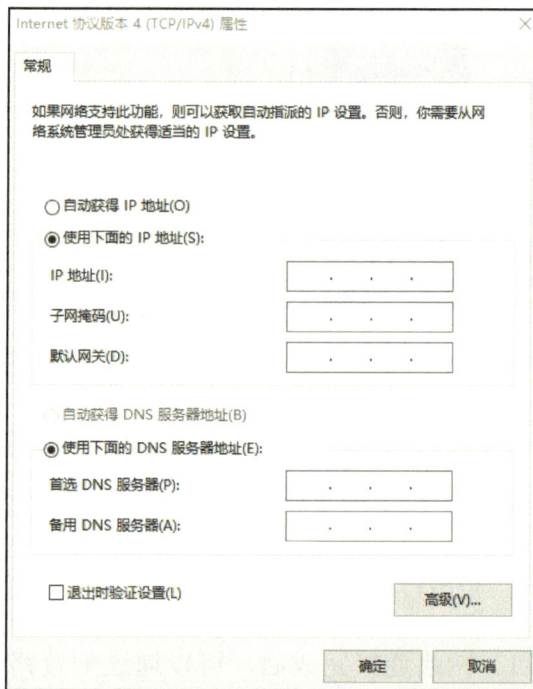

图 2-18 Internet 协议版本 4（TCP/IPv4）属性

在小型网络中，IP 地址一般采用 C 类 IP 地址，如 192.168.1.2，子网掩码可以采用默认的掩码，即 255.255.255.0。在设置完成后，单击"确定"按钮即可，如图 2-19 所示。

另外，特殊含义的地址配置方法如下：

（1）TCP/IP 协议规定，主机部分全为 1 的 IP 地址用于广播，如 193.6.15.255 就是 C 类地址中的一个广播地址，将信息送到此地址，就是将信息送给网络地址为 193.6.15.0 的所有主机。

（2）A 类地址的第一段为 127，是一个保留地址，用于网络测试和本机的进程间通信，称为回送地址。例如，127.0.0.1 就是表示本机的 IP 回送地址。

（3）主机地址全为"0"的网络地址被解释为"本"网络，如 192.168.1.0。

这些有特殊含义的 IP 地址在设置计算机 IP 地址时禁止使用。

4．子网掩码分组限制访问

在子网划分中，需要使用子网掩码进一步区分主机 IP 地址属于哪个子网，以及能否实现通信。接下来进行子网掩码作用的验证。

设置主机 A 的 IP 地址为 192.168.1.2，如图 2-20 所示。

设置主机 B 的 IP 地址为 192.168.1.1，如图 2-21 所示。

图 2-19　设置 IP 地址

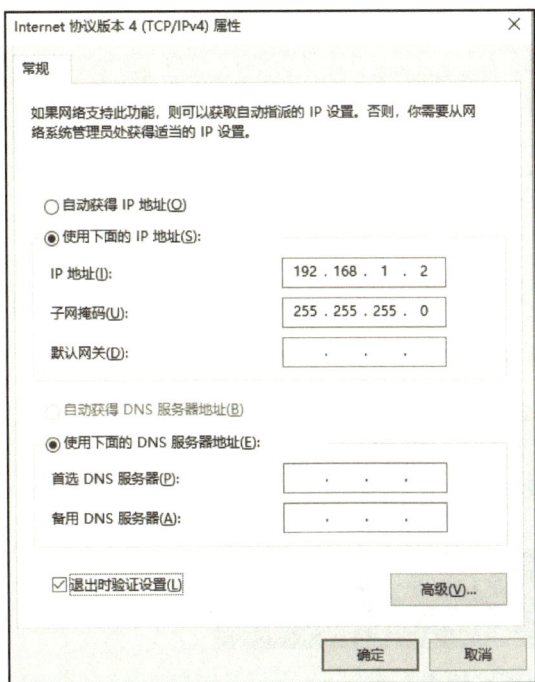

图 2-20　主机 A 的 IP 地址配置界面 1

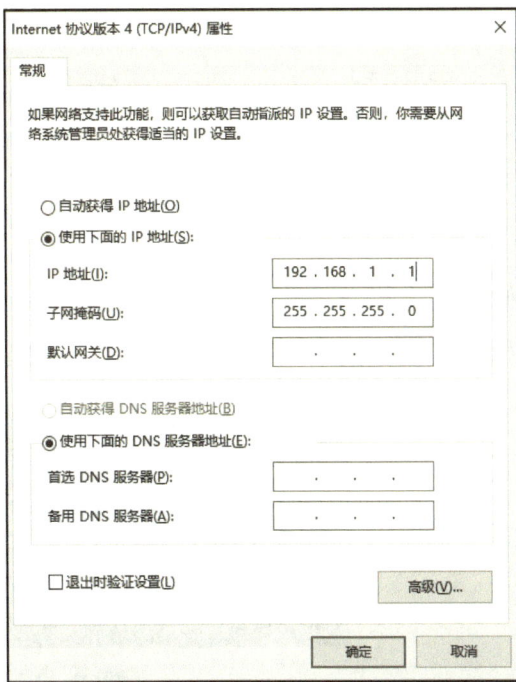

图 2-21　主机 B 的 IP 地址配置界面 1

在主机 A 的命令行提示符下，ping 主机 B 的 IP 地址，如图 2-22 所示，两台主机互通。

接下来更改主机 B 的子网掩码为 255.255.255.224，主机 A 和主机 B 的 IP 地址配置分别如图 2-23 和图 2-24 所示。

图 2-22　ping 测试结果 1

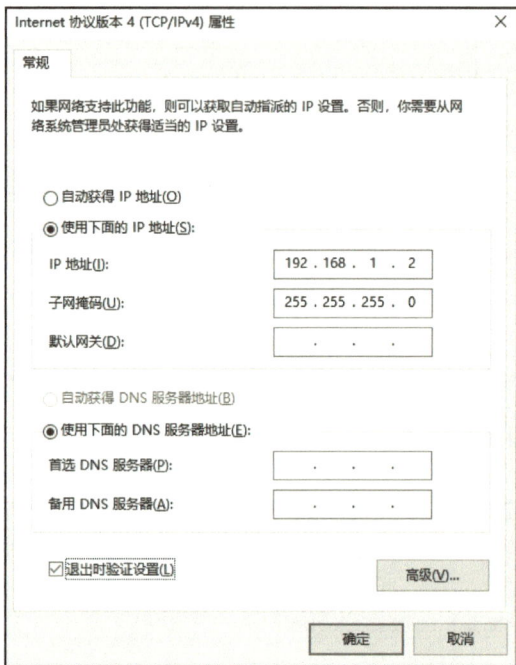

图 2-23　主机 A 的 IP 地址配置界面 2

图 2-24　主机 B 的 IP 地址配置界面 2

修改完主机 A、主机 B 的 IP 地址后，在主机 A 的命令行提示符下，ping 主机 B 的 IP 地址，如图 2-25 所示，主机 B 不可达（192.168.1.254 为主机 A 的默认网关）。

图 2-25　ping 测试结果 2

在 IP 地址不变的情况下，扩大子网掩码适用的范围，也能实现网络的互通。先分别设置主机 A、主机 B 的 IP 地址及子网掩码，如图 2-26 和图 2-27 所示；然后使用 ping 命令进行测试，如图 2-28 所示。

图 2-26　主机 A 的 IP 地址配置界面 3　　　　图 2-27　主机 B 的 IP 地址配置界面 3

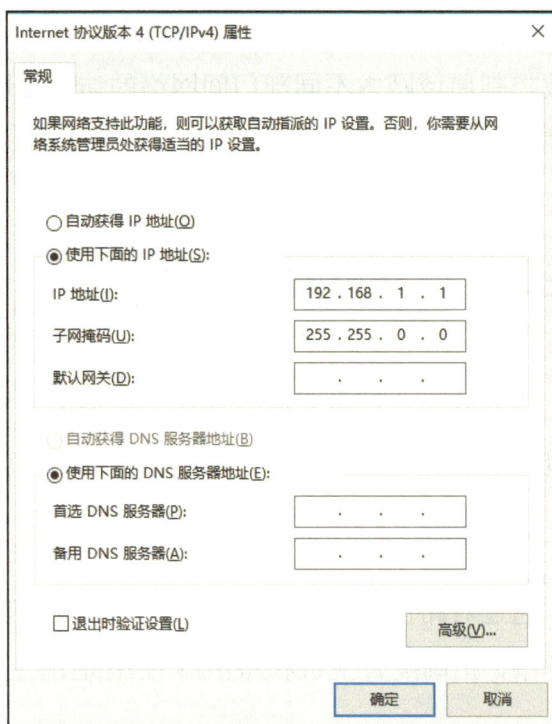

图 2-28　ping 测试结果 3

　　两台主机可以实现相互访问。根据子网掩码的验证过程可以判断：当子网掩码扩大范围时，在局域网内即使做了子网的划分，计算机配置好 IP 地址后，也能互相访问。但要精确配置 IP 地址及子网掩码，不然就会造成主机不可达，无法相互访问。

2.3.2　知识与技能

1. 正确连接网线

　　常见的水晶头线序有两种（分别采用 T568A 和 T568B 标准），网线也因使用情况不同而分为两种：直通线（两端水晶头线序相同）和交叉线（两端水晶头线序不同）。相同设备之间连接使用交叉线，不同设备之间连接则使用直通线。

2. 配置路由器及 IP 地址

掌握路由器配置的方法，合理设置 IP 地址资源池。通过对子网的划分和子网掩码的使用，有效控制局域网内不同部门间网络的访问权限。通过对无线功能的配置，掌握无线网络使用过程中的安全技术。

任务 4　常用网络测试命令

任何网络工程在实施完毕后，都需要进行主机与路由器、主机与交换机之间的连接测试。通过掌握 ping、ipconfig 命令的使用方法，可以进一步了解网络配置及通断情况。

◆ 任务描述

通过对路由器的配置及网线的连接，可以实现局域网范围内主机的互通。在实际网络实施过程中，正确配置主机和路由器的 IP 地址及正确使用网线后，才能使主机之间实现互联互通。

◆ 任务目标

根据任务内容的描述，需要先了解 ping、ipconfig 命令的使用方法；通过 ping 等命令的操作过程，分析本主机与路由器之间的互通情况。据此确定本任务目标分解如下：

（1）掌握 ping 命令使用方法。

（2）使用 ipconfig 命令查看详细的网络配置。

2.4.1　工作流程

1. ping 命令

ping 命令是测试网络连接状况及查看信息包发送和接收状况非常有用的工具，是网络测试中最常用的命令。ping 命令向目标主机（地址）发送一个回送请求数据包，要求目标主机收到请求后给予答复，从而判断网络的响应时间和本机是否与目标主机（地址）连通。

如果执行 ping 命令不成功，则可以预测故障出现的原因。故障原因主要考虑以下几个方面：网线故障、网络适配器（网卡）配置不正确、IP 地址配置错误。如果执行 ping 命令成功而网络仍无法使用，那么问题很可能出在网络系统的软件配置方面。ping 命令执行成功只是保证了本机与目标主机间存在一条连通的物理路径。

命令格式：

　　　　　　　ping　*IP 地址或主机名* [-t] [-a] [-*n* count] [-l size]

参数含义：

-t：不停地向目标主机发送数据；

-a：以 IP 地址格式来显示目标主机的网络地址；

-*n* count：指定要 ping 多少次，具体次数由 count 来指定；

-l size：指定发送到目标主机的数据包的大小。

例如，需检查本机和网关 192.168.3.1 是否连通，则可以使用命令"ping　192.168.3.1"，如图 2-29 所示。

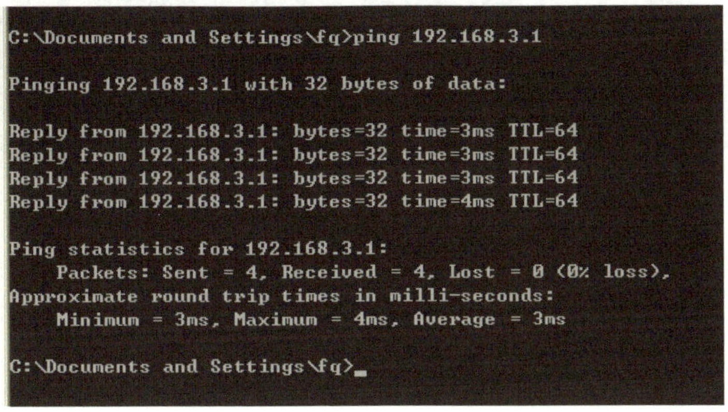

图 2-29　ping 命令的使用

当你的计算机不能访问 Internet 时，首先确认是否为本地局域网的故障。假定局域网的公网 IP 地址为 202.168.0.1，则可以使用"ping 202.168.0.1"命令来查看本机是否与外网连通。

2. ipconfig 命令

ipconfig 命令以窗口的形式显示 IP 协议的具体配置信息，包括网络适配器的物理地址、主机的 IP 地址、子网掩码及默认网关等，还可以查看主机名、DNS 服务器、节点类型等相关信息。其中，网络适配器的物理地址在检测网络错误时非常有用。

命令格式：

ipconfig　[/?] [/all]

参数含义：

/?：显示帮助信息；

/all：显示所有的有关 IP 地址的配置信息；

/renew_ all：复位所有网络适配器；

/release_all：释放所有网络适配器；

/renew *N* 复位网络适配器 *N*；

/release *N*：释放网络适配器 *N*。

使用 ipconfig 命令查看本机的网络连接信息界面如图 2-30 所示。

可以通过"ipconfig /all"命令查看本机网络连接的更详细的说明，包括网卡的 MAC 地址。

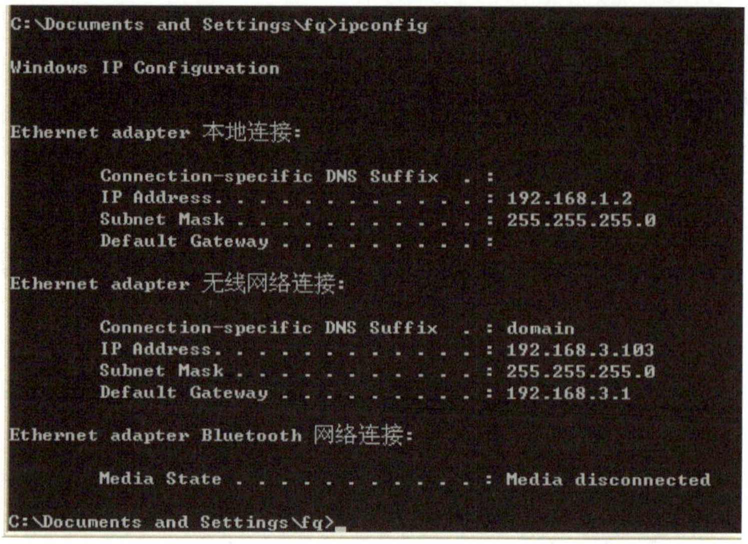

```
C:\Documents and Settings\fq>ipconfig

Windows IP Configuration

Ethernet adapter 本地连接:

        Connection-specific DNS Suffix  . :
        IP Address. . . . . . . . . . . . : 192.168.1.2
        Subnet Mask . . . . . . . . . . . : 255.255.255.0
        Default Gateway . . . . . . . . . :

Ethernet adapter 无线网络连接:

        Connection-specific DNS Suffix  . : domain
        IP Address. . . . . . . . . . . . : 192.168.3.103
        Subnet Mask . . . . . . . . . . . : 255.255.255.0
        Default Gateway . . . . . . . . . : 192.168.3.1

Ethernet adapter Bluetooth 网络连接:

        Media State . . . . . . . . . . . : Media disconnected

C:\Documents and Settings\fq>
```

图 2-30　使用 ipconfig 命令查看本机的网络连接信息

2.4.2　知识与技能

1. ping 命令应用

ping 是用于检测网络链路状态是否正常的命令，可以测试本地回路，也可以测试本地系统到达其他主机或者子网的访问控制情况。因此，一般网络管理员在配置完网络后，都会使用 ping 命令来简单测试一下网络，以便判断网络是否有问题。

2. ipconfig 命令应用

ipconfig 命令用于获取配置后的网络信息，便于清晰了解网络配置参数的数值。要进行网络检测或者故障排除，需提供必要的配置信息。

任务 5　启用防火墙功能

防火墙是防护被入侵、保障内部网络和数据安全的一种手段，几乎每个网络设备都具有该功能，并在网络系统中普遍配置和应用。通过掌握路由器和主机系统的防火墙功能配置方法，进一步了解网络系统安全的防护流程。

◆ 任务描述

小型网络系统搭建完毕，经过连接、配置测试后，已经可以实现对互联网的访问。在现实情况下，网络安全问题是每个企业必须重视的问题，来自互联网的病毒、黑客攻击时刻都有可能造成业务系统的瘫痪、内部资料的丢失等，因此，需要加强网络安全防护功能。

◆　**任务目标**

根据任务内容的描述,首先需要提升工作人员的网络安全意识,做到不浏览不必要的网站,不访问陌生的弹框广告;除此之外,还要从技术的角度来加固设备防护。本节的任务目标分解如下:

（1）掌握路由器防火墙配置方法。

（2）掌握 Windows 系统自带防火墙的配置方法。

2.5.1　工作流程

1. 配置路由器的防火墙

用浏览器打开路由器的登录界面,输入账号、密码,在左边菜单栏找到"安全功能"菜单,如图 2-31 所示。

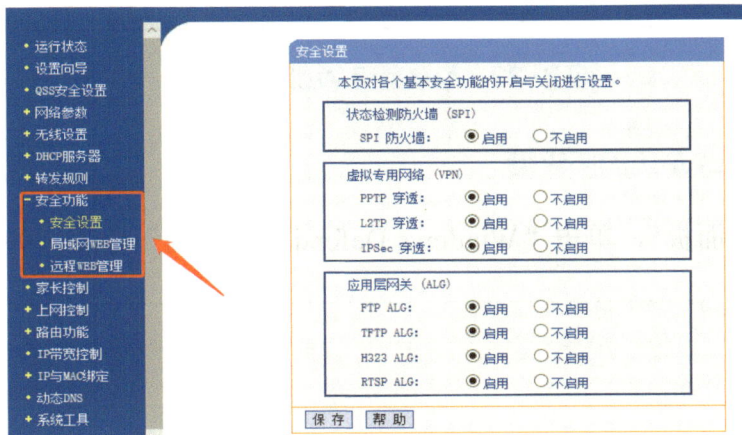

图 2-31　"安全功能"菜单

单击"安全设置"选项后,可以看到"状态检测防火墙"等信息,选择"启用"选项并保存。

同时,还可以配置"局域网 Web 管理",即设置局域网 Web 管理权限,如图 2-32 所示。

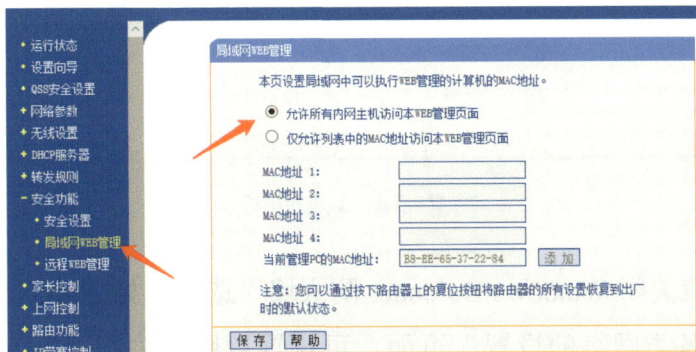

图 2-32　设置局域网 Web 管理权限

如果想在公司外也能配置该无线路由器，可以选择配置"远程 Web 管理"权限，如图 2-33 所示。

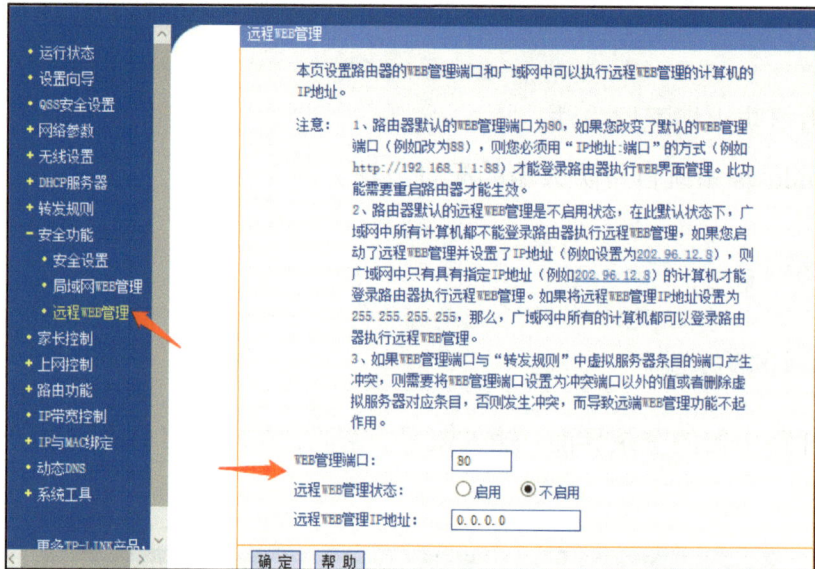

图 2-33　配置远程 Web 管理权限

2．配置 Windows 系统的防火墙

（1）打开"控制面板"，单击"Windows Defender 防火墙"选项，如图 2-34 所示。

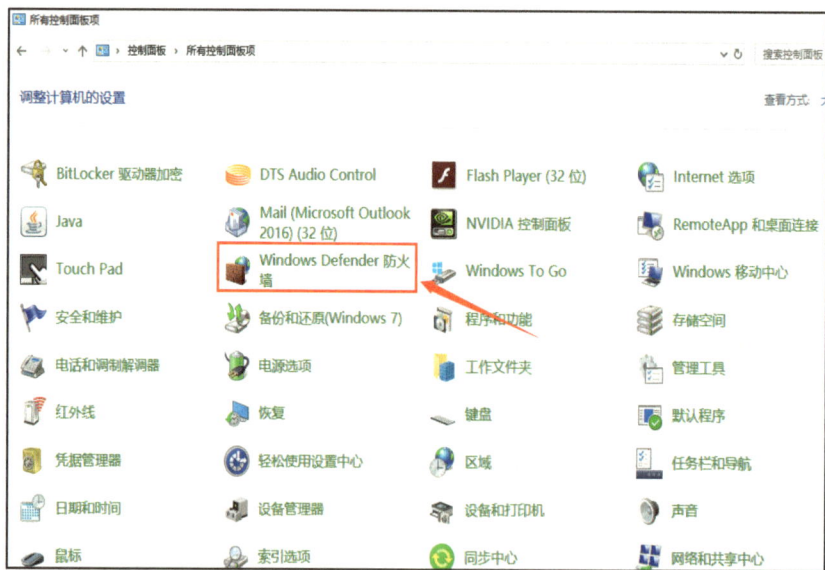

图 2-34　控制面板

（2）选择"启用或关闭 Windows Defender 防火墙"选项，如图 2-35 所示。

（3）在"自定义各类网络的设置"页面，可设置启用或关闭 Windows 系统的防火墙，如图 2-36 所示。

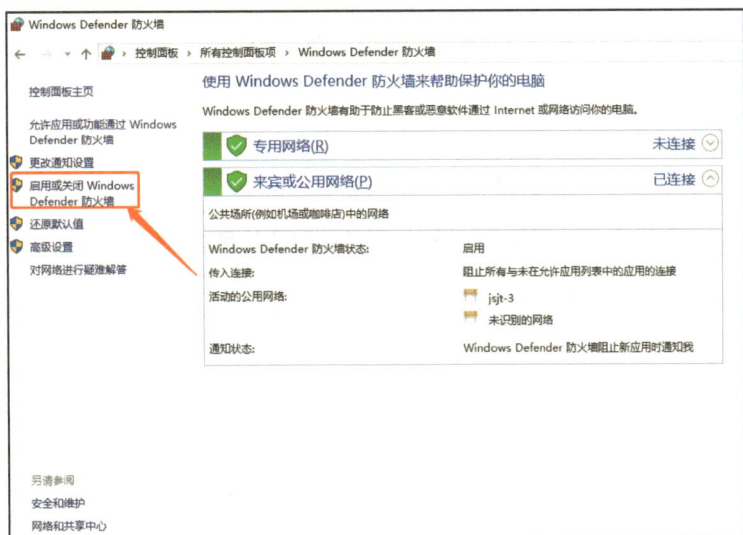

图 2-35　启用或关闭 Windows Defender 防火墙

图 2-36　设置 Windows 系统的防火墙

2.5.2　知识与技能

网络安全技术关乎着网络上电子数据的安全。其中，防火墙是常见的网络安全技术之一。防火墙是将局域网和外网分开的系统，可限制被保护的内网与外网之间信息存取和交换的操作。通过有效地配置防火墙，能够很好地保护内网的数据安全，也能控制用户对外网的访问，从而提高内网的安全性。

任务 6　对外提供网络服务

对外网络服务是一个组织或者公司提供的用于让人们了解自身产品或者服务范围的互联网应用，也是互联网存在的意义所在。通过了解网络地址转换技术（Network Address

Translation，NAT），可以知道从内部网络到外部网络的实现过程；通过对路由器等设备的对外服务配置，能进一步了解实现对外网络服务的技术流程。

◆ **任务描述**

对整个网络系统加固完毕后，可以在路由器上配置其服务器的隔离策略，使访问业务系统时更加安全。现在公司有一个业务系统需要对外提供访问服务，作为公司的网管员应该如何配置设备并提供系统服务呢？

◆ **任务目标**

根据任务的描述，需要先了解对外提供服务的网络地址转换技术，通过网络地址转换，实现内部服务器 IP 地址到外网 IP 地址的网络端口映射。据此确定本任务目标分解如下：

（1）了解 NAT 网络地址转换原理。

（2）掌握在路由器上配置对外网络服务的方法。

2.6.1 工作流程

1. 了解 NAT 工作原理

所谓 NAT，即网络地址转换技术，也就是将内部网络的一个 IP 地址映射到外网的实现方式，将 IP 数据包头中的 IP 地址转换成外网 IP 地址的过程。在实际应用中，NAT 主要用于实现私有网络访问公网的功能。这种通过使用少量的公网 IP 地址代表较多私有 IP 地址的方式，有利于解决公网 IP 地址不足的问题。

NAT 的实现方式有 3 种：静态转换、动态转换及端口多路复用。

（1）静态转换。

静态转换是指将内部网络中的私有 IP 地址转换成公网 IP 地址，IP 地址是一对一的关系，且以后也不会发生改变，某个私有 IP 地址只能转换成对应的公网 IP 地址。借助于静态转换，可以实现外部网络对内部网络的访问。

（2）动态转换。

动态转换是指将内部网络的私有 IP 地址转换为公网 IP 地址时，采用动态方式，也就是 IP 地址是不确定的、随机产生。也就是说，只要指定哪些内部 IP 地址可以进行转换，以及用几个公网 IP 地址进行转换，就可以进行动态转换。动态转换时，使用的是地址资源池。例如，访问百度时，就是使用的多台内部服务器映射到多个外网 IP 地址的实现。

（3）端口多路复用。

该实现方式是指改变外出数据包的源端口并进行端口转换，即端口地址转换（PAT），该实现方式比较适合只有少量公网 IP 地址的情况。因此，内部网络中的所有主机均可以共享合法的外网 IP 地址，从而可以最大限度地节约 IP 地址资源。同时，又可以隐藏内部网络中的计算机，有效避免来自互联网的攻击。因此，目前大多数网络服务都采用这种方式。

2. 配置路由器上的 NAT 服务

通过 NAT 可轻松配置网络，提供互联网服务。合理地对公司路由器配置这种虚拟服务，才能高效、安全地提供网络服务。它有以下两种实现方式。

（1）静态转换，如图 2-37 所示。

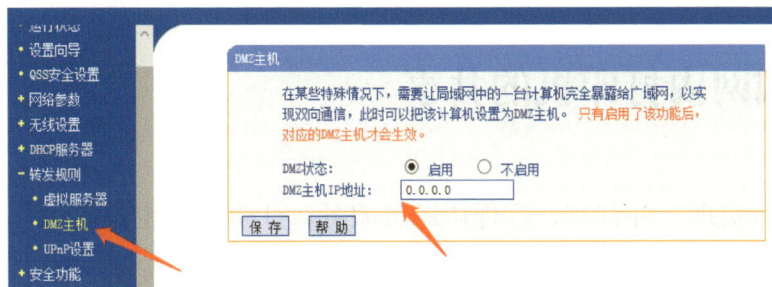

图 2-37　静态转换

根据主机配置提示，即可简单配置静态转换服务。

（2）端口多路复用，如图 2-38 所示。

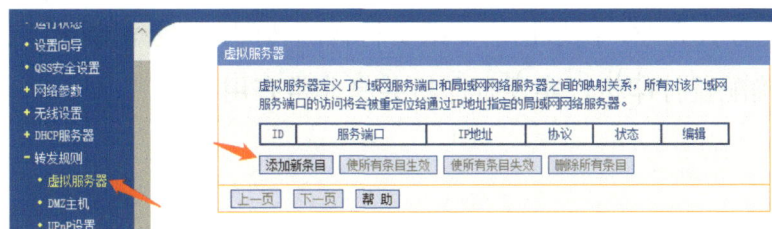

图 2-38　端口多路复用

在"虚拟服务器"界面上，单击"添加新条目"选项，可以根据公司需要添加映射条目，详细配置映射的端口号、IP 地址及该端口提供的服务协议等，如图 2-39 所示。

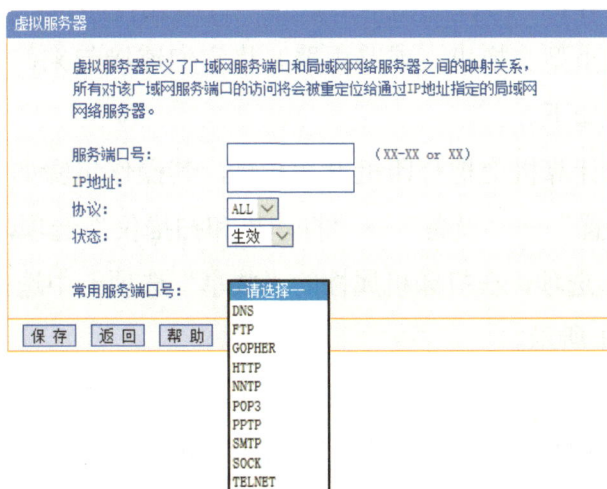

图 2-39　添加映射条目

2.6.2 知识与技能

端口映射是 NAT 的一种，它将内部主机的 IP 地址的一个端口映射到外网对应的 IP 地址和端口上，提供相应的服务。当用户访问该外网 IP 地址的这个端口时，服务器自动将该请求映射到对应局域网内部的 IP 地址上。

任务 7　局域网内打印机的共享

在局域网中可以实现文件共享、远程协助等服务，打印服务也是其中一种。通过了解打印服务，可以实现没有互访权限的部门之间的交流；对打印服务的配置，能进一步解决网络权限分配上的障碍。

◆ **任务描述**

公司有了内部网络，可以实现部门之间材料的共享，而不用打印即可浏览，大大提升了工作效率。作为无纸化办公企业，偶尔也需要纸质材料的传阅，如公司制度、业务标准等。所以，在公司网络中，正确配置打印机，实现打印机共享非常有用。

◆ **任务目标**

通过对打印机共享功能的配置，让局域网中的各主机都能访问该打印机，提供打印服务。

2.7.1 工作流程

小华家有一台台式计算机、两台笔记本电脑和一台激光打印机，为了能够让这三台计算机共享这台打印机，现在用小型交换机（或路由器）将它们连接起来，形成一个局域网。

打印机共享设置方法如下。

（1）在安装打印机的计算机上把打印机设为共享，其操作步骤如下：

选择"开始"→"设置"→"设备"→"打印机和扫描仪"选项，单击安装好的打印机→"管理"→"打印机属性"选项，在打印机属性的"共享"选项卡中选择"共享这台打印机"复选框，如图 2-40 和图 2-41 所示。

（2）查看共享打印的计算机与当前计算机是否在同一个工作组，其方法如下：

右击"此电脑"→"属性"→"更改设置"选项，如果共享打印的计算机与当前计算机不在同一工作组，就要设定为同一个工作组，如 WorkGroup，如图 2-42 所示。

图 2-40　"打印机和扫描仪"选项

图 2-41　"共享打印机"选项卡

图 2-42　设置计算机名和工作组

（3）右击"此电脑"→"属性"选项，进入"控制面板"，单击"设备和打印机"选项，即可查看共享打印机，如图 2-43 和图 2-44 所示。

（4）在其他计算机上添加共享的打印机，其方法如下：

按【Win+R】组合键，输入共享打印机的计算机 IP 地址（如"\\10.3.28.244"），回车后即可看到共享的打印机。双击该打印机，即可将其添加为本机打印机，如图 2-45 所示。

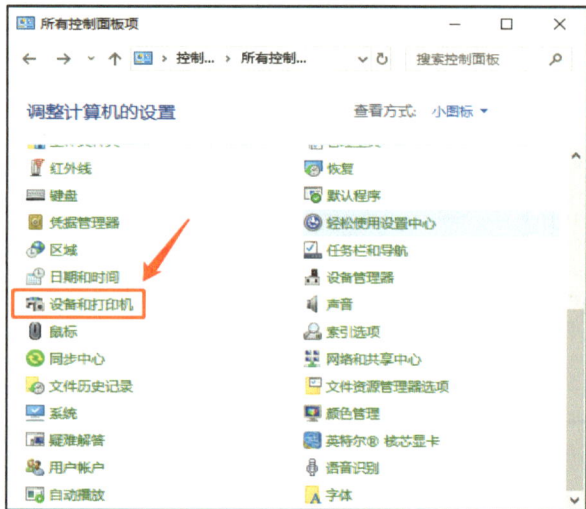

图 2-43　"设备和打印机"选项

图 2-44　查看共享打印机

图 2-45　添加共享打印机

2.7.2　知识与技能

在局域网中共享打印机能方便联网主机进行资料打印，这是局域网必备功能之一。通过合理配置共享打印机的访问权限，能有效控制局域网中对打印机的使用权限，从而提升打印机的使用效率。

任务 8　局域网中环境检测器的应用

随着互联网技术的发展，人们的网络生活逐渐进入物联网时代，展现出物-物相连、人-物互通的智能景象。从目前的应用来看，物联网技术主要应用在物流、交通、安防、能源、医疗、建筑、制造、家居、零售和农业等领域。作为企业，在公司内部实现对办公环境的监控、检测等功能已是必然趋势。这些物联网模块在企业中的使用，正体现了物联网技术在智能家居领域的应用。

◆　**任务描述**

公司有了内部网络，可以实现对办公环境的监控，检测设备的联网情况等，而不用人工配置办公环境中电器设备的参数等，同时可大大提高办公环境的管理效率，同时也能提升办公环境的安全性和舒适性，既能改善了办公环境的质量，也能节约能源。

◆　**任务目标**

通过在公司内部部署和配置环境监测设备，通过无线网络控制办公环境中的温度和湿度。

2.8.1　工作流程

为了让所有员工能在一个比较舒适的环境里工作，作为公司网络管理员的小华采购了一些温湿度监测设备对环境的温度、湿度进行监测。具体设置如下：

（1）用手机或者 Pad 连接无线局域网，如图 2-46 所示。

（2）在应用商城里下载"米家"App，如图 2-47 所示。

图 2-46　连接无线局域网

图 2-47　下载"米家"App

（3）注册账号后登录，可以在登录界面扫描设备进行自动连接，如图 2-48 所示。在图 2-48 中可以看到，除了温湿度监测设备，还有其他智能家居设备可以联网，如扫地机器人、照明、厨房电器、摄像机等。

图 2-48　扫描设备

（4）设备添加完成后，可以在"米家"App 上查看新添加的设备，如图 2-49 所示。

（5）单击"温湿度传感器"按钮，可以了解室内当前一段时间内的温湿度变化情况，如图 2-50 所示。

（6）单击图 2-50 中"温湿度传感器"标题右侧的图标█，可以对该温湿度传感器进行参数设定，如图 2-51 所示。

图 2-49　查看新添加的
"温湿度传感器"

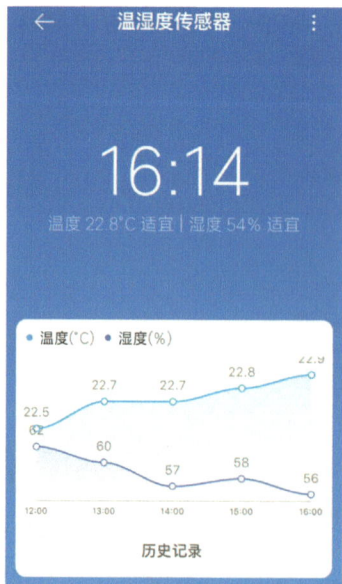

图 2-50　温湿度变化情况图

图 2-51　"温湿度传感器"
参数设置

2.8.2　知识与技能

温湿度传感器是智能家居中物联网技术应用的一种形式，它对室内环境的温度、湿度进行监测，可提高生活、工作环境的舒适度。在企业内部还可以增加电源开关、照明、安防等物联网设备来提升办公环境的智能化，进一步节约能源和增强办公安全性。

任务 9　部署私有云盘及实现云应用

文件资料共享是每个企业必备的应用之一，现在仍有很多人使用 U 盘进行资料的共享。但对于公司内部大量的资料访问，要想实现其可控管理，必须采用可行的文件共享系统实现对文件资料的存储、管理与协同编辑。现有实现文件共享的系统包括公有云盘（如百度云盘、腾讯云盘等）和私有云盘（如 Seafile 等）两类。考虑到文件资料的安全性，大多数企业会在公司内部部署私有云盘系统，以实现对企业文件资料的管控。

◆　任务描述

某公司由于业务发展壮大，各个部门的电子文件资料越来越多，公司会议讨论：如果把所有资料放在外网的公有云盘上，不仅非常不安全，而且难以管理。公司决定部署自己的私有云盘，既能对资料进行统一管控，也能实现内部的资料共享访问。公司高管找到网络管理员小华，让他想办法实现这样的需求。

◆　任务目标

根据任务内容的描述，需要先对私有云盘系统进行选型，然后掌握这款私有云盘的搭建方法。据此确定本任务的目标如下：

（1）对多款私有云盘系统的进行对比并选型。

（2）部署适应公司业务需求的私有云盘系统并进行相应的配置。

2.9.1　工作流程

1. 对比多款私有云盘系统

越来越多的企业选择在公司内部部署私有云盘系统，以实现对企业资料的管理与共享。在众多私有云盘系统中做出选择，成为每个网络管理员必须解决的事情，只有了解了公司本身的业务需求及长期规划才能选择出适合本企业的云盘系统。表 2-2 列出了 3 款私有云盘的特点。

表 2-2　3 款私有云盘的特点

特点	Seafile	Nextcloud	ownCloud
是否开源	是	是	是
系统架构	中心化架构	中心化架构	中心化架构
数据冗余	多副本	多副本	多副本
多平台	麒麟系统、Windows、Mac、Linux、Harmony OS、iOS、Android，免费，有独立 App	Windows、Mac、iOS、Android，部分收费，有独立 App	只有 Web 端页面
团队协作	支持	支持	支持

通过表 2-2 中 3 款私有云盘系统特点的对比，Seafile 的功能及适用范围等更强一些，根据企业的业务需求，小华选择 Seafile 来部署私有云盘。

2. 部署私有云盘

Seafile 作为一款开源的企业云盘，不仅注重可靠性和性能，还支持文件同步，每个资料库可选择性地同步到任意设备，可靠、高效的文件同步能提高工作效率；团队内部也可通过共享文件到群组，进行权限管理、版本控制、事件通知，让协作更为流畅；同时还融合了 Wiki 与网盘的功能，可以使用 markdown 格式以所见即所得方式编辑 Wiki 文档，提供搜索、标签、评审等知识管理功能，支持对外发布 Wiki 内容。

（1）Seafile 支持的平台介绍。

Seafile 作为一款国产私有云盘系统，支持多种平台，包括麒麟系统、Windows、Mac OS、Linux 等计算机操作系统，以及 Harmony OS、iOS、Android 等移动操作系统。

国家安全是一个国家综合国力的重要体现，信息安全已成为国家安全的重要基石。随着我国综合国力的提升，在信息技术领域，陆续出现了优秀的国产操作系统，包括麒麟操作系统、鸿蒙操作系统等。其中，麒麟操作系统由国防科技大学、中软公司、联想集团等国内知名科研院所和企业联合研发而成；鸿蒙操作系统是华为公司开发的用于手机、平板、汽车及智能穿戴等多种设备的操作系统，兼容全部 Android 应用和所有 Web 应用。

（2）部署私有云盘的服务端。

首先，从官方网站下载服务端软件，在准备好的服务器上进行安装，如图 2-52 所示。

从图 2-52 可以看出，Seafile 服务端安装在 Linux 系统（麒麟操作系统基于 Linux 内核）下，因此，需要提前准备好一台运行 Linux 系统的服务器，根据 Seafile 服务器手册的提示来部署私有云盘服务，如图 2-53 所示。

从图 2-53 中可以看出，部署 Seafile 的方法很多，本实例采用"部署 Seafile 服务器（使用 MySQL/MariaDB）"方法，如图 2-54 所示。

图 2-52　下载 Seafile 服务端软件

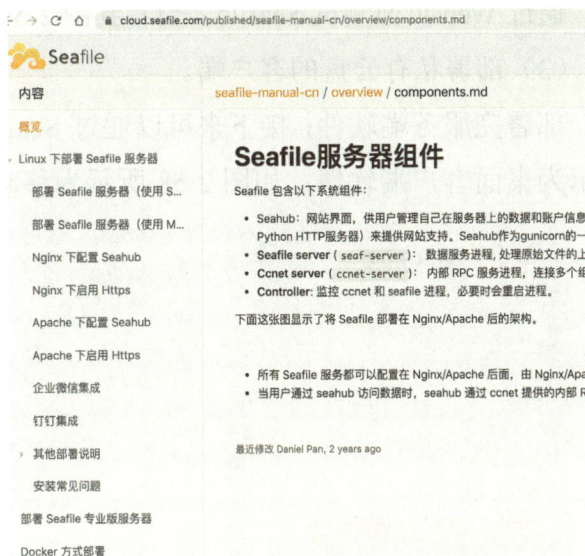

图 2-53　Seafile 服务器手册

图 2-54　部署 Seafile 服务器

具体部署过程参考 Seafile 官方说明。待部署完毕，通过命令行检测部署是否成功，如图 2-55 所示。

图 2-55　检测部署是否成功

通过 Web 页面测试 Seafile，当看到图 2-56 时，说明 Seafile 部署成功。

（3）部署私有云盘的客户端。

部署完服务端软件，接下来可以通过 Seafile 官方网站下载需要的客户端软件，如图 2-57 所示为桌面客户端软件，如图 2-58 所示为移动客户端软件。

图 2-56 Web 登录页面

图 2-57 桌面客户端软件下载界面

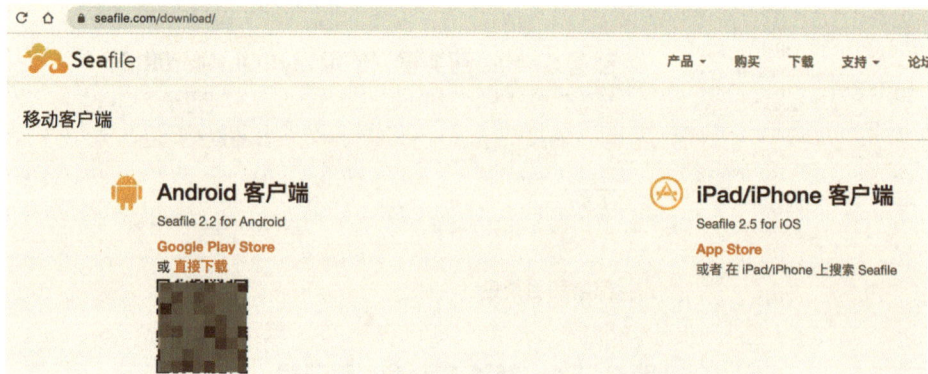

图 2-58 移动客户端软件下载界面

在 Windows 系统上下载"Windows 客户端"，进行桌面客户端软件的安装和配置，如图 2-59 所示。

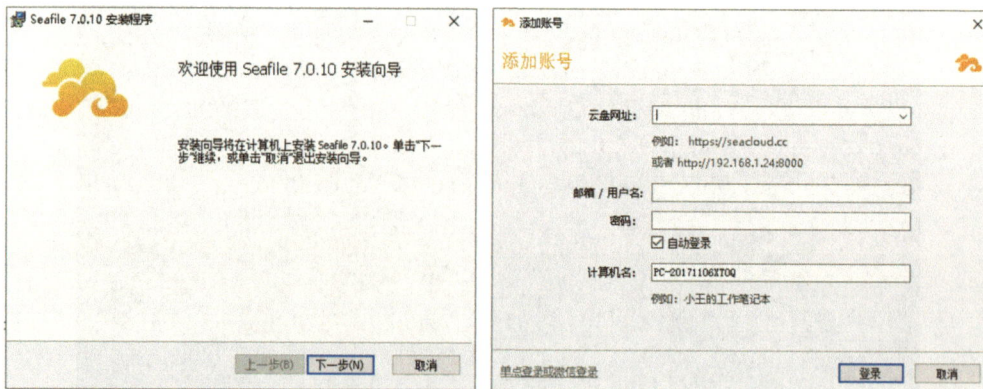

图 2-59 安装并配置 Windows 桌面客户端软件

在如图 2-59 所示的"添加账号"对话框中，添加刚部署好的服务器云盘网址、用户名及密码，然后登录即可，如图 2-60 所示。

图 2-60　输入登录信息及登录后的页面

除了可通过客户端登录系统，也可以通过浏览器查看云盘中的资料情况，如图 2-61 所示。

图 2-61　通过浏览器查看云盘中的资料情况

服务器端和客户端软件配置完毕后，即可通过云盘功能实现资料共享及团队协作。

（4）共享资料和团队协同办公。

首先，实现同步资料的功能。

安装并配置好一个终端的软件（如移动端），然后在计算机桌面软件上同步一个本地文件夹或文件，如图 2-62 所示。

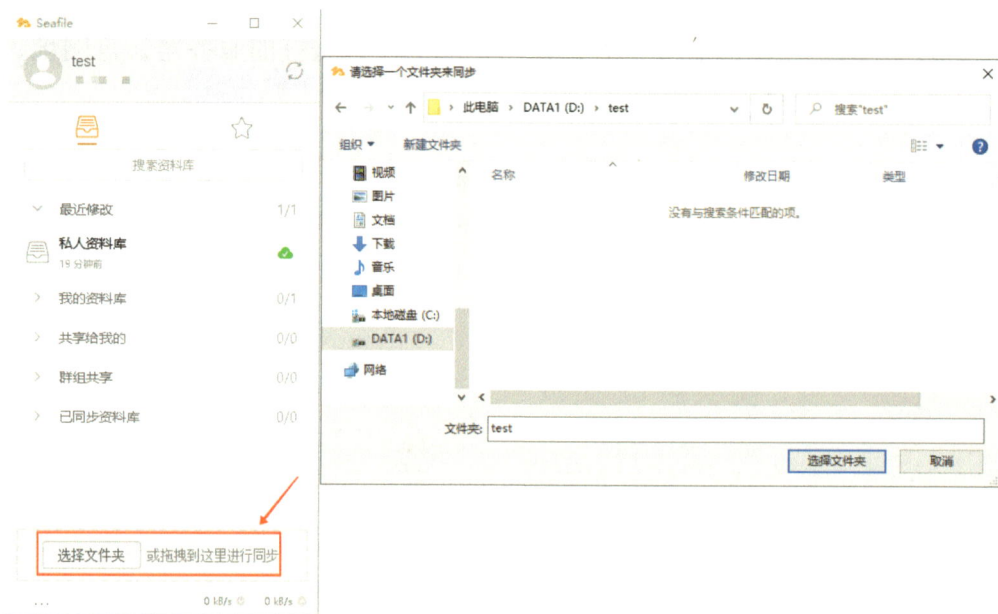

图 2-62　同步本地文件夹

　　同步后的文件夹将显示在客户端页面上，如图 2-63 所示。在移动端软件上也可看到同步的文件夹及文件，如图 2-64 所示。Web 页面上也能查看到"test"文件夹，如图 2-65 所示。

图 2-63　同步的"test"文件夹　　　　图 2-64　查看移动端同步的"test"文件夹

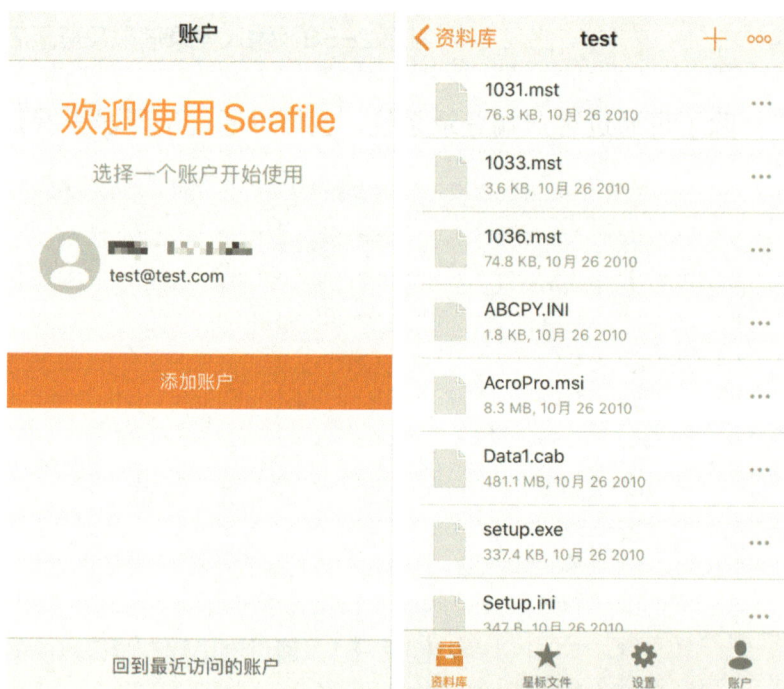

　　其次，把同步的文件夹或文件共享给其他人使用。

　　在图 2-65 中，通过单击"共享"按钮，可以设置共享权限（如图 2-66 所示）。在图 2-66 中，可以共享链接，也可以共享给本系统中的用户或群组。

图 2-65　Web 端同步的"test"文件夹　　　　图 2-66　设置共享权限

以共享链接为例，设置密码保护或共享时间来进一步控制文件夹的共享权限，单击"生成链接"按钮，即可把链接 URL 发送给需要共享的人，如图 2-67 所示。

图 2-67　共享链接

同时，通过"共享给群组"可以实现团队协同办公，解决部门之间资料的共享、同步等需求。

除此之外，对删除的文件，也可以在"回收站"中找到并在需要的时候恢复，如图 2-68 所示。

图 2-68　恢复删除的文件

以上功能只能在公司内部实现资料共享及团队协作，如有员工出差在外，将无法同步资料。因此，需要通过配置路由器把本地服务器映射到外网，以实现通过外网访问的功能，如图 2-69

所示。

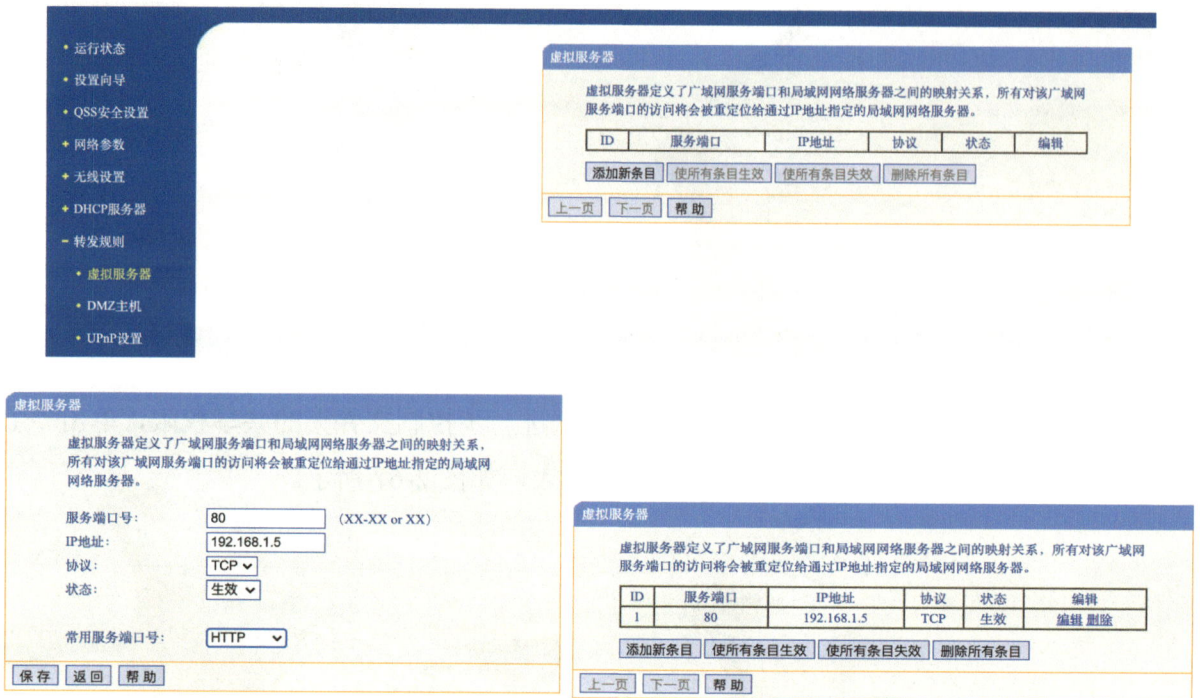

图 2-69　创建映射

通过如图 2-69 所示设置，出差员工也可以实现对资料的同步访问并与同事协同工作，如图 2-70 所示。

图 2-70　外网访问

2.9.2　知识与技能

私有云盘是实现企业内部资料管控的最佳应用之一，它可以实现员工对自己资料的同步上传，在资料丢失或者误删的情况下可以及时恢复；它可以在协同工作时实现资料的共享与协同编辑，提高团队工作效率。掌握私有云盘的部署，首先需要配置好服务端的软件，其次要设置好客户端软件，最后要熟练掌握实现资料同步、资料共享、团队协作、资料恢复等功能。

考核评价

◆　考核项目

授课教师提供组建小型网络系统的设备，将班级学生分成 4 个小组，每组通过抽签方式选择以下 4 个项目中的一个，每组成员自主推选组长，分配的项目内容不能重复。项目完成后，每个小组将完成的项目进行展示并讲解项目在实施过程中遇到的难题及解决方法等，其他组成员为该项目组评分，评定出的成绩记为小组成绩。同时，组内成员为本组其他成员打分，两次综合得分按照权重记为小组中每位同学的成绩。

项目 1：某企业为了业务的发展，需对新办公场地进行装修和布网，新网络要求有 100Mbps 带宽出口，能满足 6 大部门、20 个项目组的办公需要；同时，全公司实现无线网络覆盖，区域无线网络无感知切换。

作为公司的网络团队，请问如何设计网络拓扑结构，使用哪些网络设备及采用什么样的技术参数布线，以应对公司快速发展的需求？

项目 2：在"项目 1"的基础上，公司有 10 个业务系统对外提供服务，并保证其安全运行；6 个部门中，销售部、财务部和技术部的网络实现访问权限限制，对来往财务部的网络进行监控；同时，需要对公司共享的打印机等设备进行监管，用于统计耗材的使用情况。

作为公司的网络团队，请问如何配置出口网络设备及安全控制、配置部门之间的汇聚设备实现访问控制，以及对共享打印机的监管，来满足公司对于内部运营的业务要求？

项目 3：公司有了更强的网络环境，公司高管觉得如果能实现对新办公场地的电源、照明、电器、温湿度的智能监控，将有利于提高管理效率、改善办公环境质量和节约能源，提升办公场地的安全性和舒适度。

作为公司的网络团队，请问如何设计布点，使用哪些物联网设备及采用哪种物联网连接技术，以满足对新办公场地的监控？

项目 4：该企业经过几年的发展，业务数据越来越多，因为缺乏对资料的管理，要想找一份项目材料，需要到档案室查询很长时间。这样的资料共享，严重影响了公司的运营效率。如果能把公司的业务项目资料进行电子化处理，不仅查询方便，而且能解决存储、备份、共享及团队协作的难题，提升资料管理效率。

作为公司的网络团队，选择哪款私有云盘系统来实现这些要求，以满足公司对资料管理的需要？

◆　评价标准

根据项目任务的完成情况，从以下几个方面进行评价，并填写表 2-3。

（1）方案设计的合理性（10 分）。

（2）设备和软件选型的适配性（10分）。

（3）设备操作的规范性（10分）。

（4）小组合作的统一性（10分）。

（5）项目实施的完整性（10分）。

（6）技术应用的恰当性（10分）。

（7）项目开展的创新性（20分）。

（8）汇报讲解的流畅性（20分）。

表 2-3　评价记录表

序号	评价指标	要求	评分标准	自评	互评	教师评
1	方案设计的合理性（10分）	各小组按照项目内容，对项目进行分解，组内讨论，完成项目的方案设计工作	方案合理，得8～10分； 方案需要优化，得5～7分； 方案不合理，需要重新讨论后设计新方案，得0～4分			
2	设备和软件选型的适配性（10分）	各小组根据方案，对设备和软件进行选择和应用	选择操作简便，应用简单的设备和软件，得8～10分； 满足项目要求，但操作不简便，得5～7分； 重新选择得0～4分			
3	设备操作的规范性（10分）	各小组根据设备和软件的选型进行操作	能够规范操作选型设备和软件，得8～10分； 没有章法，随意操作，得5～7分； 不会操作，胡乱操作，得0～4分			
4	小组合作的统一性（10分）	各小组根据项目执行方案，小组内分工合作，完成项目	分工合作，协同完成，得8～10分； 组内一半人员没有参与项目完成，得5～7分； 一人完成，其他人没有操作，得0～4分			
5	项目实施的完整性（10分）	各小组根据方案，完整实施项目	项目实施，有头有尾，有实施，有测试，有验收，得8～10分； 实施中，遇到问题后项目停止，得5～7分； 实施后，没有向下推进，得0～4分			
6	技术应用的恰当性（10分）	项目实施使用的技术，应当是组内各成员都能够熟练掌握的，而不是仅某一个人或者几个人会应用	实现项目实施的技术全部都会应用，得8～10分； 组内一半人会应用，得5～7分； 只有一个人会应用，得0～4分			
7	项目开展的创新性（20分）	各小组领到项目后，要对项目进行分析，采用创新的手段完成项目，并进行汇报、展示	实施具有创新性，汇报得体，得16～20分； 实施具有创新性，但是汇报不妥当，得10～15分； 没有创新性，没有汇报，得0～9分			
8	汇报讲解的流畅性（20分）	各小组要对项目的完成情况进行汇报、展示	汇报展示使用演示文档，汇报流畅，得16～20分； 没有使用演示文档，汇报流畅，得10～15分； 没有使用演示文档，汇报不流畅，得0～9分			
总　分						

小组成员：＿＿＿＿＿＿＿＿＿＿＿＿＿＿＿＿

模块 10 机器人操作

　　机器人是集机械、电子、控制、传感、人工智能等多学科先进技术于一体的自动化装备。自 1956 年机器人产业诞生以来，经过六十多年的发展，机器人已经被广泛应用在各个领域，推动了人类社会生活方式的变革。

　　机器人按照使用途径分类，主要包括工业机器人、探索机器人、服务机器人、军用机器人等。工业机器人在工业领域主要应用于汽车、机电、机械、建筑、加工、铸造，在农业领域主要用于水果和蔬菜嫁接、收获、检验与分类等方面，如图 10-1（a）所示；探索机器人主要应用于恶劣或不适于人类工作的环境中执行任务，包括水下探索机器人和空间探测机器人等，如图 10-1（b）所示；服务机器人主要应用于物流、医疗和生活等方面，包括物流分拣机器人、餐饮服务机器人、护理机器人等，如图 10-1（c）、图 10-1（d）、图 10-1（e）所示；军用机器人是应用于军事领域的具有某种仿人功能的自动机器，从物资运输到搜寻勘探以及实战进攻，军用机器人的使用范围非常广泛，包括海洋军用机器人、无人侦察机等，可在不同空间执行不同的军事任务，如图 10-1（f）所示。

（a）工业机器人　　　　　　　　　　　　　　（b）水下探索机器人

图 10-1　机器人的应用领域

（c）物流分拣机器人

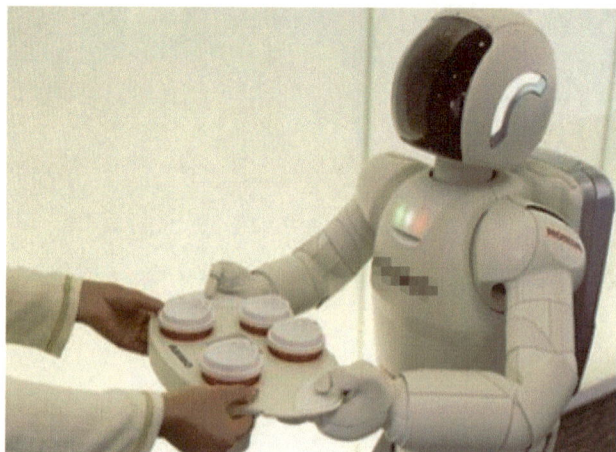

（d）餐饮服务机器人

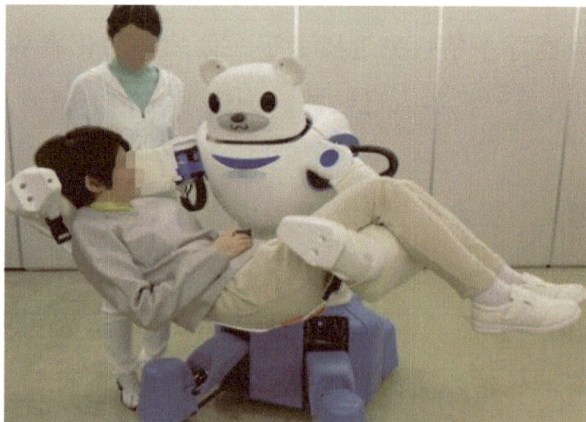

（e）护理机器人

（f）军用机器人

图 10-1　机器人的应用领域（续）

　　按照机器人的形态分类，可以把机器人分为仿人智能机器人和拟物智能机器人。仿人智能机器人是指具有人类的外观，可以适应人类的生活和工作环境，代替人类完成各种作业，并可以在很多方面扩展人类能力的机器人，在服务、医疗、教育、娱乐等多个领域得到广泛应用。拟物智能机器人是指仿照各种各样的生物、日常使用物品、建筑物、交通工具等设计的机器人，如机器宠物狗，轮式、履带式机器人。在拟物智能机器人领域，比较有代表性的是波士顿动力公司，其比较有代表性的机器人为波士顿动力狗，如图 10-2（a）所示。该公司在过去的近 30 年时间里，陆续研发出 Petman、BigDog、Spot 等双足或四足机器人。目前，我国的足式机器人行业也有了一定的发展，部分企业做出了在性能上与波士顿动力狗相匹敌的足式机器人，其中具有代表性的是中国机器人初创公司杭州宇树科技有限公司研发的卡莱狗，如图 10-2（b）所示。

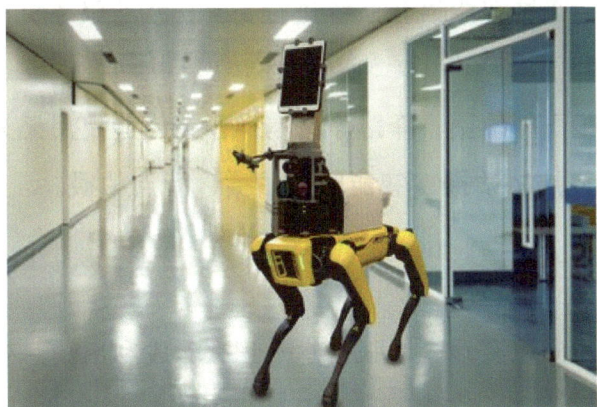

（a）国外动力四足机器人——波士顿动力狗　　　　　（b）国内研发的四足机器人——卡莱狗

图 10-2　四足机器人

职业背景

　　机器人技术瞄准国际前沿高技术发展方向及"机器人及智能装备"创新产业群，有着广阔的前景和迫切的人才需求。具有这方面技能的人才可在各类自动化设备和机器人生产使用等企业从事自动化设备和工业机器人的操作、编程、维护（维修）、安装调试等工作，也可从事自动化设备和机器人的销售、工作站的集成设计等工作。教育部公布的有关机器人操作的 1+X 证书包括工业机器人操作与运维、工业机器人应用编程、无人机驾驶、工业机器人集成应用、工业机器人装调、服务机器人应用开发、特种机器人操作与运维、智能协作机器人技术及应用、焊接机器人编程与维护、工业机器人产品质量安全检测、服务机器人实施与运维、商务流程自动化机器人应用、无人机摄影测量、无人机应用、无人机检测与维护、无人机组装与调试、植保无人飞机应用、无人机航空喷洒、物流无人机操作与应用、无人机拍摄等。机器人领域就业前景非常广阔，人才缺口巨大。

学习目标

1. 知识目标

　　（1）了解工业机器人的应用场景、分类方法、组成、工作原理及编程语言。

　　（2）了解服务机器人的应用场景、语音交互系统、路径导航方式。

　　（3）了解无人机的应用范围、分类，明确无人机使用的操作规程，了解无人机的保养方法。

2. 技能目标

　　（1）能够对一种常规工业机器人进行简单操作。

（2）能够操作服务机器人的开启与关闭，通过智能语音系统进行交互、移动服务机器人，能够操作服务机器人完成具体应用。

（3）能够操作一种品牌的无人机，进行起飞、拍摄、降落等基本操作，能够使用无人机在允许的高度和范围内进行短片拍摄、手势控制拍摄、智能跟随拍摄、指点拍摄。

3. 素养目标

（1）通过对信息技术知识与技能的学习和应用实践，增强信息意识，养成利用信息化手段解决生活中实际问题的习惯。

（2）明确工业机器人、服务机器人、无人机使用的法律规范，具备安全常识，具备整洁使用相关机器人的意识和素养。

（3）作为一门新兴的行业，机器人从业人员应具备传统行业从业人员所具有的工匠精神。这主要包括以下方面：爱党爱国，具有正确的世界观、人生观和价值观；良好的道德观念、法制观念、文明行为习惯；爱岗敬业、一丝不苟的优良职业道德；较强的人文素养，具备自主学习和可持续发展的能力；较强的安全生产、环境保护、节约资源和创新的意识；良好的心理素质和强健的体魄；良好的团队合作精神和人际交流能力。

任务 1　工业机器人的应用与简单操作

1959 年，人类发明了世界上第一台工业机器人 Unimate，可实现回转、伸缩、俯仰等动作。现如今，国际上的工业机器人技术日趋成熟，工业机器人的相关技术正向高性能化、节能化、集成化、智能化、模块化和系统化方向发展。

◆　任务描述

本任务让学习者在了解工业机器人的应用场景、分类方法以及组成的基础知识上，理解工业机器人的工作原理和所使用的编程语言，知道操作工业机器人的安全防护注意事项，并通过对 ABB 公司的 IRB 120 系列工业机器人开关机、控制基本运动等操作为例，让学习者初步掌握工业机器人的基本操作。

◆　任务目标

掌握工业机器人的基本操作，需要对工业机器人的应用场景、分类方法、组成、工作原理及编程语言有一定的了解，并在此基础上，掌握工业机器人的开关机以及基本运动操作。学习完成后，学习者应达到以下目标：

（1）了解工业机器人的应用场景、分类方法、组成。

（2）了解工业机器人的工作原理及编程语言。

（3）掌握工业机器人的简单操作。

10.1.1　工业机器人的应用

1. 工业机器人的应用场景

工业机器人广泛应用于加工制造、电子、食品、制药、医疗、研究等领域。当今世界近50%的工业机器人集中使用在汽车及相关领域。工业机器人的具体应用如图 10-3 至图 10-8 所示。

图 10-3　食品搬运、码垛

图 10-4　生产呼吸机

图 10-5　车身焊接

图 10-6　车身喷涂

图 10-7　车门装饰性涂胶

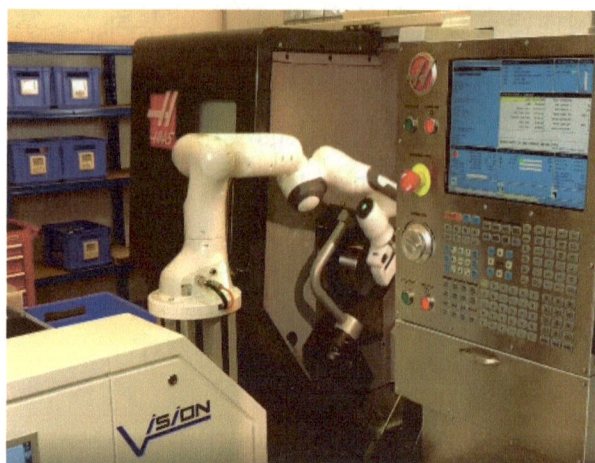

图 10-8　机床上下料

2. 工业机器人的分类

按工业机器人的应用领域，主要分为搬运、码垛、焊接、涂装、装配等机器人。

按工业机器人的结构特征，可分为直角坐标型机器人、平面关节型机器人、串联型机器人、并联型机器人、协作机器人等。工业机器人种类介绍如图 10-9 所示。

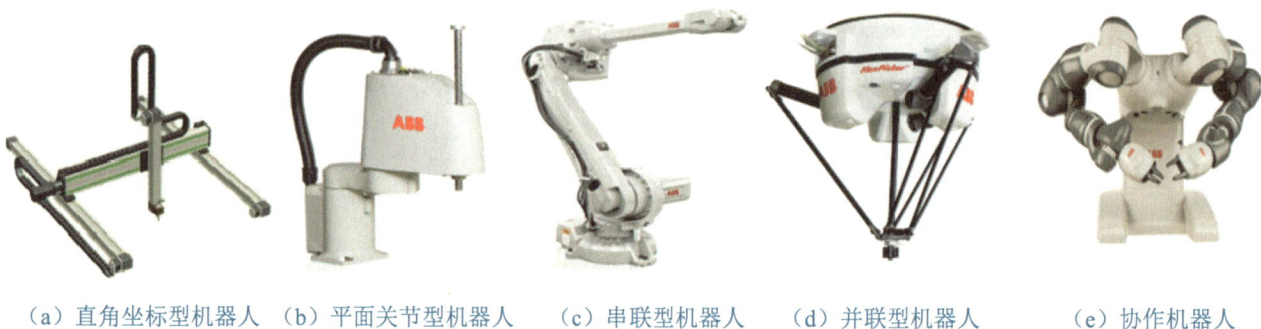

（a）直角坐标型机器人　（b）平面关节型机器人　（c）串联型机器人　（d）并联型机器人　（e）协作机器人

图 10-9　工业机器人种类介绍

国际知名工业机器人品牌有 ABB、FANUC、YASKAWA 和 KUKA。工业机器人作为先进制造业的一颗璀璨明珠，集中体现了各国的工业竞争力。我国也有许多优秀的工业机器人制造商，其中具有代表性的有沈阳新松、南京埃斯顿、上海新时达、广东拓斯达、华中数控等。

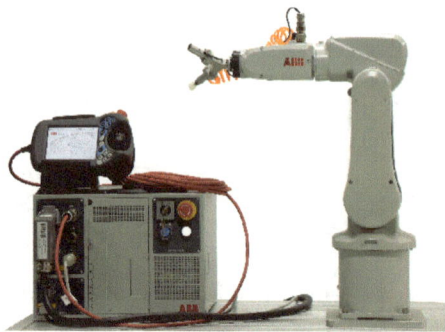

图 10-10　工业机器人的组成

3. 工业机器人的组成

工业机器人的组成包括机器人本体、示教器和控制器三部分，如图 10-10 所示。本体也称机械臂，是机器人的执行机构；示教器是人机交互装置，能够操纵控制机器人运动并调试程序等；控制器是机器人的中枢，相当于人体大脑。

4．认识和理解坐标系的定义

机器人的所有运动需要通过沿用坐标系轴的测量来定位目标位置。在 ABB 机器人控制系统中定义了如下坐标系：大地坐标系、基坐标系、工具坐标系和工件坐标系。

大地坐标系在工作单元或工作站中的固定位置有相应的零点，有助于处理若干个机器人协作或由外轴移动机器人的情况。但在默认情况下，大地坐标系与基坐标系是一致的。

基坐标系位于机器人底座，使得固定安装的机器人移动具有可预测性，因此最方便机器人从一个位置移动到另一个位置。

机器人系统对其位置的描述和控制是以机器人的工具 TCP（Tool Center Point）为基准的，为机器人所装工具建立工具坐标系，可以将机器人的控制点转移到工具末端，方便手动操纵和编程调试。默认的工具坐标系原点为法兰盘中心。

工件坐标系定义了工件相对于大地坐标系（或其他坐标系）的位置，方便调试人员调试编程。工件位置更改后，通过重新定义该坐标系，机器人即可正常作业，不需要对机器人程序进行修改。默认的工件坐标与基坐标是一致的。

5．工业机器人的编程语言

伴随着机器人的发展，机器人语言也得到发展和完善。机器人语言已成为机器人技术的一个重要部分。机器人的功能除了依靠机器人硬件的支持，相当一部分依赖机器人语言来完成。早期的机器人由于功能单一、动作简单，可采用固定程序或示教方式来控制机器人的运动。随着机器人作业动作的多样化和作业环境的复杂化，依靠固定的程序或示教方式已满足不了要求，必须依靠能适应作业和环境随时变化的机器人语言编程来完成机器人的工作。

机器人编程语言可以按照其作业描述水平的程度分为动作级编程语言、对象级编程语言和任务级编程语言 3 类。

动作级编程语言是最低一级的机器人语言。它以机器人的运动描述为主，通常一条指令对应机器人的一个动作，表示从机器人的一个位姿运动到另一个位姿。动作级编程语言的优点是比较简单，编程容易。其缺点是功能有限，无法进行繁复的运算，不能接收复杂的传感器信息。

对象级编程语言是比动作级编程语言高一级的编程语言，如它不需要描述机器人手臂的运动，只要由编程人员用程序的形式给出作业本身顺序过程的描述和环境模型的描述，即描述操作物与操作物之间的关系，通过编译程序机器人即能知道如何动作。

任务级编程语言是比前两类更高级的一种编程语言，也是最理想的机器人高级语言。这类语言不需要用机器人的动作来描述作业任务，也不需要描述机器人对象物的中间状态过程，只需要按照某种规则描述机器人对象物的初始状态和最终目标状态，机器人语言系统即可利用已有的环境信息和知识库、数据库自动进行推理、计算，从而自动生成机器人详细的动作、顺序和数据。例如，一台搬运机器人欲完成某一物料的搬运，拾取物料的初始位置和放置物料的目标位置已知。当发出拾取物料的命令时，语言系统从初始位置到目标位置之间寻找路径，在复杂的作业环境中找出一条不会与周围障碍物产生碰撞的合适路径，在初始位置处选择恰当的姿态拾取物料，沿此路径运动到目标位置。在此过程中，作业中间状态、作业方案的设计、工序的选择、动作的前后安排等一系列问题都由计算机自动完成。

10.1.2 工业机器人的简单操作

1. 安全防护注意事项

操作工业机器人的安全防护注意事项如下：

（1）在操作机器人时要与运动中的机器人保持安全的距离，在安全防护区域内操作应始终以手动速度进行操作。非工作人员禁止进入安全防护装置内，而且操作人员必须经过特殊训练。

（2）出现下列情况时请立即按下任意紧急停止按钮：①机器人运行中，工作区域内有工作人员；②机器人伤害了工作人员或损伤了机器设备；③机器运行不正常。

（3）急停后，重新开机需进行电机复位操作。

（4）如果有人员受困于机器人手臂下，为解救人员可采用制动闸释放按钮以释放机器人手臂，释放机器人制动闸后可以移动机器人手臂，但仅有小型的机器人可被人力移动，大型的机器人需要在进行救援前使用高架起重机或类似设备将机器人手臂吊起，以避免二次伤害。

2. 工业机器人的操作步骤

本任务以 ABB IRB 120 系列工业机器人为例进行讲解。

（1）开关机操作。

① 将电源开关旋至 ON，如图 10-11（a）所示。

② 将模式开关设置为手动模式，如图 10-11（b）所示。

（a）电源开关　　　　　　　（b）模式开关

图 10-11　工业机器人控制器按钮

③ 等待控制柜开启，示教器屏幕显示初始界面。

（2）示教器控制机器人基本运动。

工业机器人的基本运动包括单轴运动、线性运动和重定位运动 3 种模式。示教器是一种手持式操作装置，除了可以手动操纵机器人运动外，还可以完成运行程序、修改机器人程序等操作，也可用于备份与恢复、配置机器人、查看机器人系统信息等。示教器结构和操作界面如图 10-12 和图 10-13 所示。

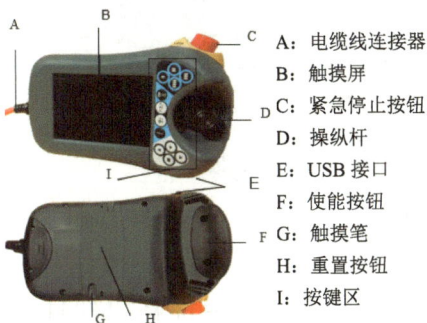

图 10-12　示教器结构

图 10-13　示教器操作界面

① 单轴运动。ABB IRB 120 机器人由 6 个伺服电机分别驱动机器人的 6 个关节轴，工业机器人的各轴分布情况如图 10-14 所示。图中虚线所指为机器人各轴运动的正方向。每次手动操纵一个关节轴的运动，称之为单轴运动。

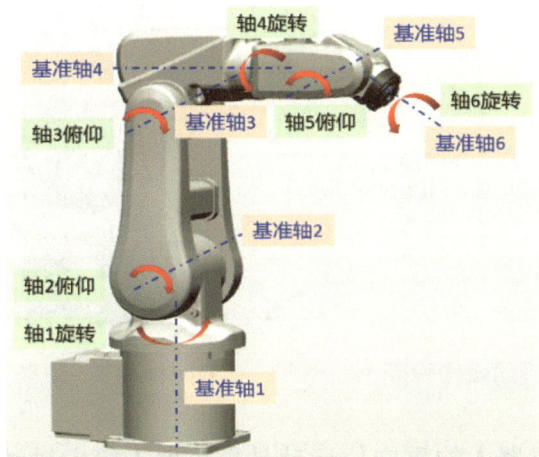

图 10-14　ABB IRB 120 机器人 6 轴位置及运动方向

将控制柜上机器人状态钥匙切换到手动限速状态，选择主菜单→"手动操纵"→单击"动作模式"→选择"轴 1—3"或"轴 4—6"→"确定"，按下使能按钮，确认进入"电机开启"状态，按照提示方向操纵示教器上的操纵杆进行单轴控制，操作界面如图 10-15 所示。

② 线性运动。机器人的线性运动是指安装在机器人第六轴法兰盘上的工具中心点 TCP 在空间进行的线性方式运动。工业机器人的线性运动是示教器编程中最常使用的方式之一，是通过操纵示教器上的操纵杆实现的。

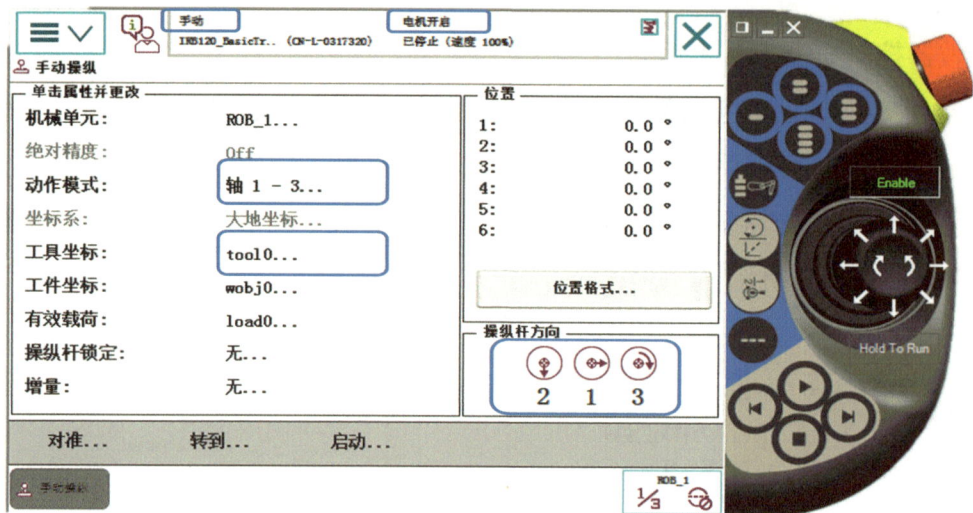

图 10-15　单轴运动操作界面

手动模式下，选择主菜单→"手动操纵"→单击"动作模式"→选择"线性"→"确定"→单击"工具坐标"→选择工具"tool1"→"确定"，按下使能按钮，确认进入"电机开启"状态，示教器显示 X、Y、Z 轴的操纵杆方向，箭头代表正方向。操纵操纵杆，工具的 TCP 点在空间中沿默认的基坐标系做线性运动。操作界面及运动状态分别如图 10-16 和图 10-17 所示。

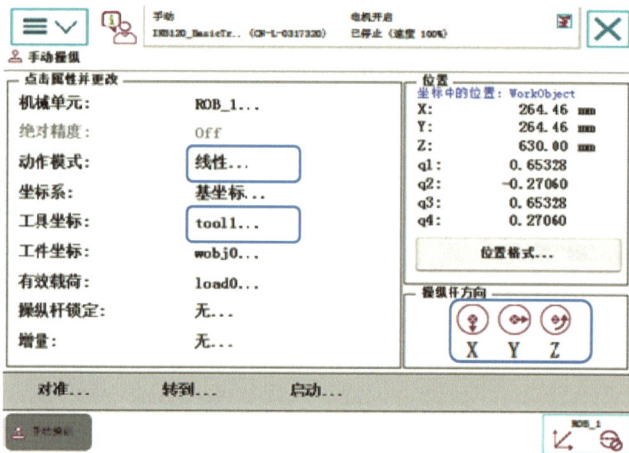

图 10-16　线性运动操作界面

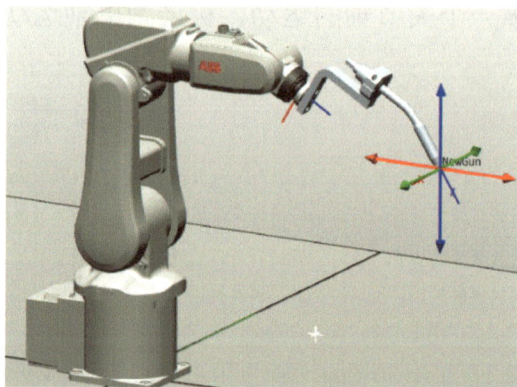

图 10-17　机器人 TCP 沿基坐标做线性运动

③ 重定位运动。工业机器人的重定位运动是指机器人第六轴法兰盘上的工具 TCP 点在空间绕着坐标轴旋转的运动，也可以理解为机器人绕着工具 TCP 点做姿态调整的运动，并不改变机器人 TCP 点的位置。

手动模式下，选择主菜单→"手动操纵"→单击"动作模式"→选择"重定位"→"确定"→单击"坐标系"→选择"工具"→"确定"→单击"工具坐标"→选择工具"tool1"→"确定"，按下使能按钮，确认进入"电机开启"状态，示教器显示 X、Y、Z 轴的操纵杆方向，箭头代表正方向。操纵示教器上的操纵杆，机器人绕着工具 TCP 点做姿态调整的运动。操作界面及运动状态分别如图 10-18 和图 10-19 所示。

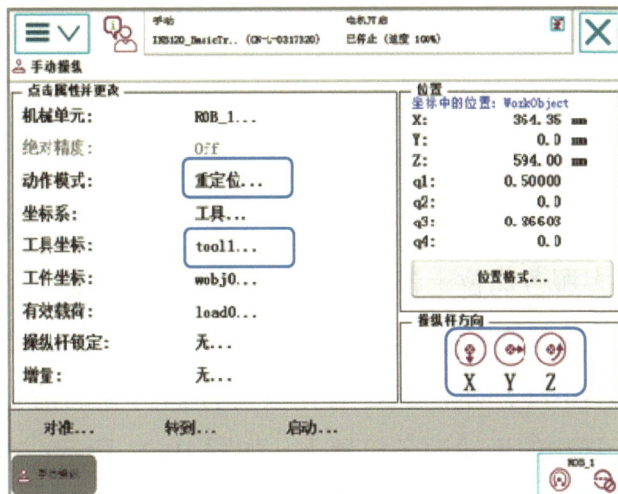

图 10-18　重定位运动操作界面

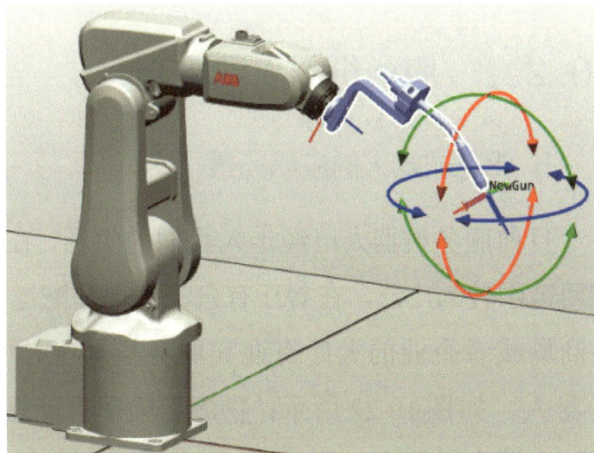

图 10-19　机器人绕 TCP 点做重定位运动

任务 2　服务机器人的应用与简单操作

服务机器人是机器人行业中新兴的一个分支，是一种半自主或全自主工作的机器人，能执行服务工作任务，但不包括从事生产的设备。服务机器人可分为专业领域服务机器人和日常服务机器人。服务机器人主要从事配送、维修、运输、清洗、保安、救援、监护等工作，主要利用语音进行人机交互，并按照一定的模式进行移动。

◆ **任务描述**

本任务以讲解服务机器人的应用场景为基础，让学习者理解服务机器人与人进行交互、服务机器人移动的基本原理。并以 Castle-X 服务机器人为例，通过讲解演示开启和关闭服务机器人、操作智能语音系统、移动服务机器人的方法，让学习者掌握服务机器人的简单操作。

◆ **任务目标**

作为一名服务机器人的操作员，应了解服务机器人的服务场所，理解其人机交互原理、移动原理等，能够对服务机器人进行操控。学习完成后应达成以下学习目标：

（1）了解服务机器人的应用场景；

（2）了解服务机器人的语音交互系统；

（3）了解服务机器人的路径导航方式；

（4）能够操作服务机器人的开启与关闭；

（5）能够操作服务机器人的智能语音系统；

（6）能够移动服务机器人。

10.2.1　服务机器人的应用

1. 服务机器人的应用场景

目前服务机器人已经走入我们的生活，在很多服务岗位上都有它们的身影。服务机器人的应用范围较为广泛，在餐厅有自动下单和配送菜品的餐饮服务机器人，如图 10-20 所示；在很多商场或者企业的大厅有迎宾服务机器人，如图10-21 所示；家庭里有负责打扫卫生的清扫机器人，如图10-22 所示；物流运输中有能搬运货物的运输服务机器人，如图 10-23 所示；在医院有消毒机器人（图 10-24）和医疗服务机器人（图 10-25），等等。

图 10-20　餐饮服务机器人

图 10-21　迎宾服务机器人

图 10-22　清扫机器人

图 10-23　运输服务机器人

图 10-24　消毒机器人

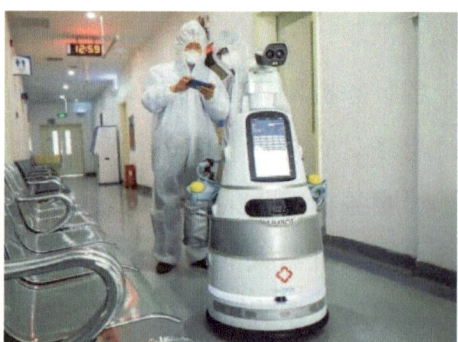
图 10-25　医疗服务机器人

2．服务机器人的人机交互系统——智能语音交互系统

智能语音，即智能语音技术，是实现人机语音交互的通信技术，包括语音识别技术（ASR）和语音合成技术（TTS）。

20世纪50年代，语音识别技术敲开了智能语音技术的大门。进入物联网时代，语音被视作人机交互的入口，伴随着相关技术的快速发展，语音控制的实用性变得越来越高。未来智能语音将促进人机交互的新发展，使用者只需要通过语音交流即可完成对机器设备的访问或控制。智能语音在未来的应用趋势十分广泛——智能家居、可穿戴设备、机器设备控制、安全管理等方面都会涉及。

虽然智能语音的发展前景十分美好，但是目前仍存在远场环境处理能力不足，语义理解能力不足，语种及区域性语言识别能力差，语音、语调不自然等诸多不足，因此，想要智能语音实现自然的无障碍人机交互仍有很长的路要走。

3．智能语音交互系统面临的几大困难

智能语音交互系统面临的几大困难具体如下：

（1）环境因素影响较大，尤其是远距离人机交互时格外明显。在实际生产生活中，时常会出现远距离人机交互的情况，此时外界的其他声音信息会干扰机器人对目标语音的接收及分析，从而造成语音识别失败的情况。

（2）语义、语境的理解分析存在无法达到完全无障碍交流的情况。人类在对话时，同一个词往往因为一词多义或者说话的语气不同而使得表达的意思有所不同。面对这种情况，虽然机器人会做一定的分析，但在理解上仍会有一定的概率发生偏差。

（3）语种、方言、口音的不同或穿插使用也会造成人机交互失败。实际生活中，我们身边的人可能来自五湖四海，大家使用的语种、方言包括口音可能都不一样。此时同一台机器人可能就会因为这些不同或穿插使用（如普通话中掺杂粤语和机器人交谈）致使语音识别失败。

（4）目前大多数的服务机器人无法做到完全自然地进行交流或者发声。很多服务机器人的合成语音以及人机交互过程还比较僵硬。

4．服务机器人的路径导航

服务机器人的路径导航通过人机交互界面为机器人构建出合理的运行路径，使机器人在运行的过程中能够自主避开障碍，完成指定的任务。

路径导航是服务机器人不可或缺的能力之一，随着智能机器人的不断发展，人们对它的自主性要求也越来越高，运行灵活、感应灵敏、动作准确将是这项技术的发展核心。

智能机器人常用的导航方式主要有惯性传感器导航、磁导航、视觉导航、卫星导航等。

（1）惯性传感器导航。

惯性传感器导航是利用陀螺仪和加速度计等惯性传感器实时测量外界环境与机器人自身位置等情况，经中央处理器处理分析后，规划出下一步的运行情况。

（2）磁导航。

磁导航是利用磁导航传感器配合磁条、磁道钉或电缆一同使用，在路径上预先铺设好一条磁条或两种材质之一，磁导航传感器通过感应不同的磁感应强度来识别运行路线，完成导航。

（3）视觉导航。

视觉导航可利用传感器创建地图或使用事先装好的地图，通过分析地图与实际环境的关系完成导航；也可以通过摄像机或其他传感器对周围环境进行探测，自行躲避障碍物并规划运行路线以实现导航。

（4）卫星导航。

智能机器人通过接收卫星信号，根据卫星定位，自主规划到达目标的路线后，执行相应指令，完成导航。

10.2.2　服务机器人的简单操作

本案例以 Castle-X 服务机器人为例进行讲解。如图 10-26 所示，Castle-X 服务机器人作为一款智能移动平台，可通过搭载不同功能模块实现多种应用。以物品配送为例，机器人搭载的避障导航模块，可自动避开障碍物实现安全导航；搭载的无线通信模块，可自主"按"门铃并给客人发送信息；搭载的视觉识别模块，可自动识别客人；搭载的语音交流模块，可实现与客人的交流。

1. Castle-X 机器人的启动

（1）Castle-X 的"启动"面板如图 10-27 所示，按下船型开关→等待几秒钟→听到蜂鸣器"滴"声后，代表下位机初始化成功→按下左边的开关启动机器人。

图 10-26　Castle-X 服务机器人

图 10-27　Castle-X 的"启动"面板

（2）当屏幕进入桌面后，如图 10-28 所示，代表 Castle-X 正常启动。

图 10-28　进入系统桌面

2. Castle-X 机器人的关闭

按下关机键，当屏幕完全熄灭之后再按下船型开关。

3. Castle-X 机器人的基本设置

（1）打开控制界面。

在桌面空白位置右击，如图 10-29 所示，在弹出的快捷菜单中单击"Open Terminal"选项，打开一个新的终端窗口，如图 10-30 所示。

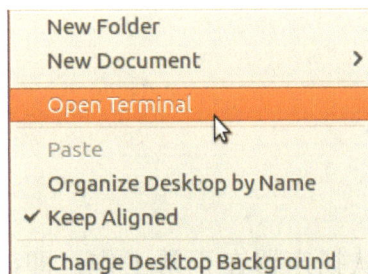

```
castlex@castlex: ~
castlex@castlex:~$ gui.py
```

New Folder
New Document
Open Terminal
Paste
Organize Desktop by Name
✓ Keep Aligned
Change Desktop Background

图 10-29　右键菜单　　　　　　　　图 10-30　终端窗口

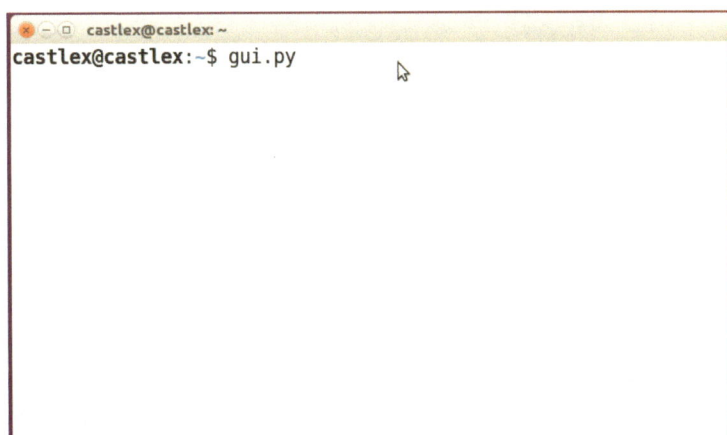

在终端中输入启动 GUI 命令"gui.py"，并按【Enter】键运行命令，进入控制界面，如图 10-31 所示。

（2）确认 Castle-X 机器人已连接网络，如图 10-32 所示。

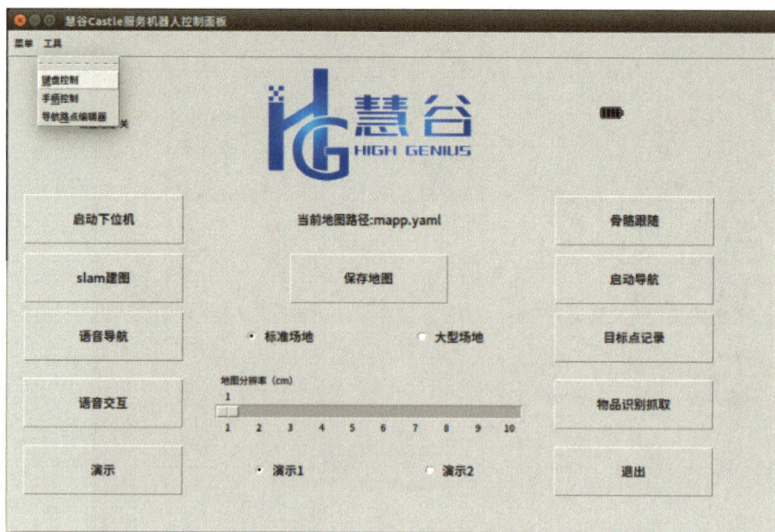

图 10-31　控制界面

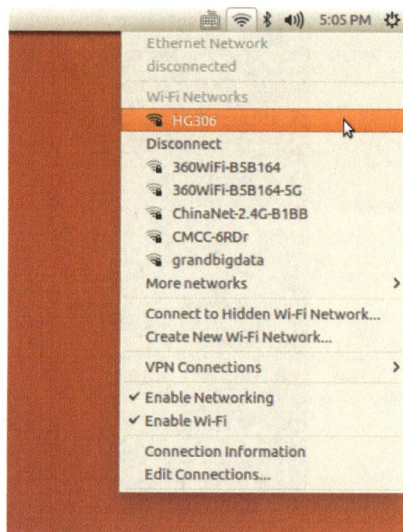

图 10-32　确认网络连接

（3）连接麦克风。

进入"系统设置"，找到"Sound"选项并单击进入，确认麦克风连接正常并正在工作，即确认 iTalk-02 未被静音，如图 10-33 所示。

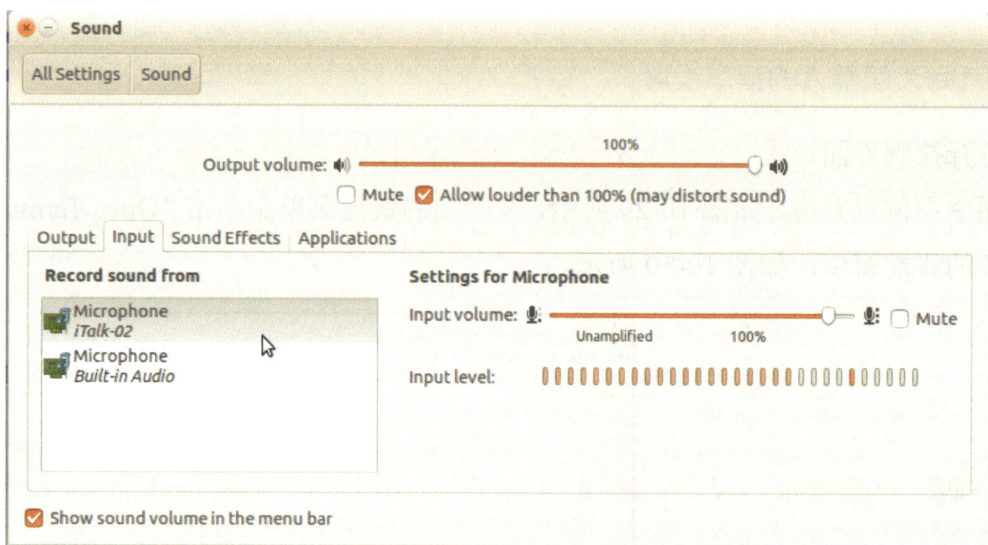

图 10-33　确认麦克风工作正常

（4）连接扬声器。

进入"系统设置"，找到"Sound"选项并单击进入，确认扬声器在正常工作，即确认 Headphones 未被静音，如图 10-34 所示。

4. 启动智能语音系统

（1）启动程序后，让机器人处于唤醒状态。按下控制界面中的"语音交互"按钮，进入智能语音系统终端，程序启动后的界面如图 10-35 所示。

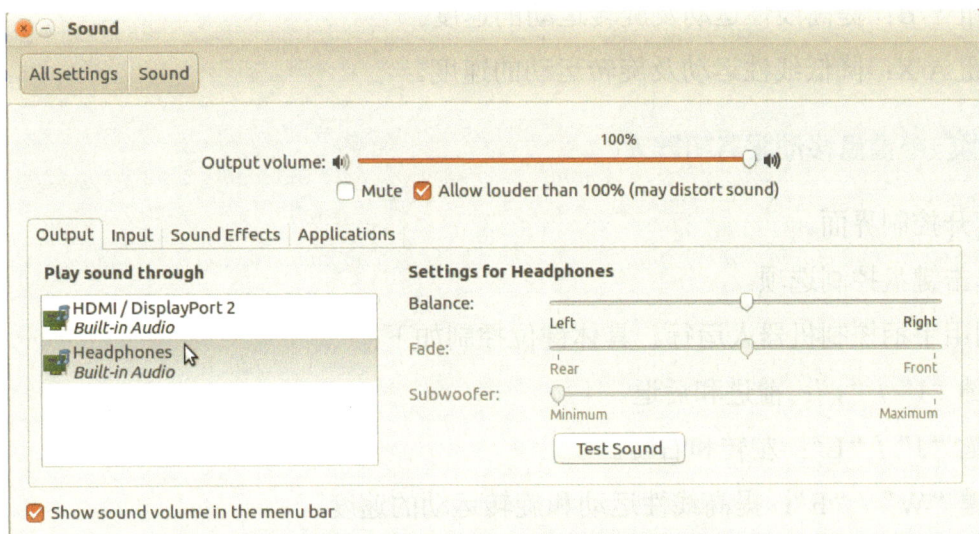

图 10-34　确认扬声器正常工作

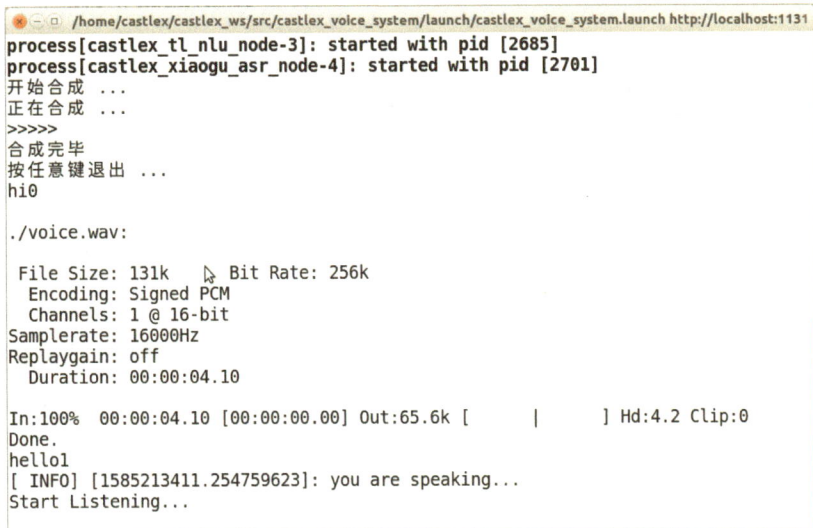

图 10-35　智能语音系统终端

（2）程序启动后，会播放"您好，我是 Castle-X 机器人"音频，此时智能语音系统处于唤醒状态，即可向机器人提出问题或开始聊天。

5. 利用手柄移动服务智能机器人

（1）打开控制界面。

（2）单击手柄控制选项。

（3）单击手柄中间的唤醒键启动手柄，如图 10-36 所示。

（4）利用手柄控制机器人运行。具体键位控制如下：

① 左摇杆：前进和后退。

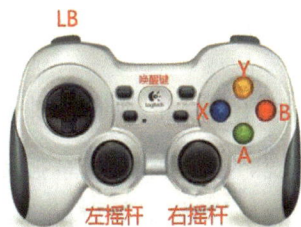

图 10-36　手柄

② 右摇杆：左转和右转。

③ 按钮 Y/B：提高线性运动及旋转运动的速度。

④ 按钮 A/X：降低线性运动及旋转运动的速度。

6. 利用自带键盘移动服务机器人

（1）打开控制界面。

（2）单击键盘控制选项。

（3）利用手柄控制机器人运行。具体键位控制如下：

① 按键"I"/"，"：前进和后退。

② 按键"J"/"L"：左转和右转。

③ 按键"W"/"E"：提高线性运动和旋转运动的速度。

④ 按键"X"/"C"：降低线性运动和旋转运动的速度。

任务3 无人机的应用与简单操作

无人机即空中机器人，能够有效地完成人类布置的空中作业任务，同时与成像设备等部件结合能够扩展应用场景，实现无人机功能的多元化。

无人机的设计概念最早应用于军工领域，近几年无人机技术在民用领域的应用获得长足发展。无人机按应用领域，可分为消费级无人机和工业级无人机。消费级无人机主要应用于个人航拍；工业级无人机广泛应用于农业植保、国土勘测、安防和电力巡检等领域。

◆ **任务描述**

本任务讲解无人机的应用场景、分类，无人机操作的基本常识、保养知识与应遵循的法律法规，并以大疆御 Mavic Air 系列无人机为例，演示讲授无人机的智能手势拍摄、一键短片、智能跟随拍摄、指点拍摄四种具体操作。

◆ **任务目标**

对于无人机操作员来说，应了解无人机的基础知识，知道并遵循人机操作的基本常识与法律法规、保养知识，掌握无人机的基本操作。完成学习后应达成以下学习目标：

（1）了解无人机的应用范围、分类；

（2）明确无人机使用的法律规范和操作规程，具有无人机安全、整洁使用的意识；

（3）了解无人机的保养方法；

（4）会操作一种品牌的无人机，进行起飞、拍摄、降落等基本操作；

（5）会使用无人机在允许高度和范围内进行短片拍摄、手势控制拍摄、智能跟随拍摄、指点拍摄。

10.3.1　无人机的应用

1. 无人机的应用场景

无人机在直接应用领域表现为替代人在空中搬运物体，这种直接应用主要为农业、物流及其他领域。在农林中的主要用途为农药喷洒（图 10-37）、森林灭火（图 10-38）、辅助授粉等。另外，无人机在物流（图 10-39）、大气取样、人工降雨等方面也有较为广泛的应用。

图 10-37　农药喷洒

图 10-38　森林灭火

延伸应用领域主要是与成像设备结合成为"空中眼睛"。农林中利用无人机进行植物监测；航拍领域利用无人机进行体育赛事拍摄、演艺活动拍摄、广告拍摄、新闻拍摄、电影拍摄、婚纱摄影等；在安防领域利用无人机进行灾情检查（图 10-40）、指挥调度、反恐维稳、缉私缉毒；在电力领域进行电力巡检；同时，在城市规划、资源勘测、水利监测、地图测绘（图 10-41）、管道巡检等方面也有广泛应用。此外，还可用于无人机航拍（图 10-42）、灾情检查等方面。

图 10-39　物流

图 10-40　无人机灾情检查

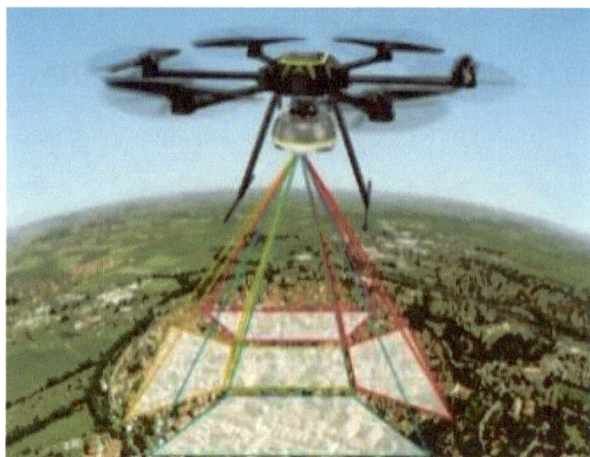

图 10-41　无人机测绘

图 10-42　无人机航拍

军用无人机（图 10-43）是由遥控设备或自备程序控制操纵的不载人飞机。根据其控制方式，主要分为无线电遥控、自动程序控制和综合控制 3 种类型。军用无人机具有结构精巧、隐蔽性强、使用方便、造价低廉和性能机动灵活等特点，主要用于战场侦察，电子干扰，携带集束炸弹、制导导弹等武器执行攻击性任务，以及用作空中通信中继平台、核试验取样机、核爆炸及核辐射侦察机等。

2. 无人机的分类

无人机按机身构造主要分成固定翼无人机、直升机无人机、多旋翼无人机 3 种。

固定翼无人机（图 10-44）：载荷大，续航时间长，航程远，飞行速度快，飞行高度高，但是起降受场地限制，无法悬停。

图 10-43　军用无人机

图 10-44　固定翼无人机

直升机无人机（图 10-45）：载荷较大，续航时间较长，起降受场地限制少，但是结构复杂，故障率高。

多旋翼无人机（图 10-46）：操作灵活，结构简便，价格低廉，但有效载荷小，续航时间短。

图 10-45 直升机无人机

图 10-46 多旋翼无人机

3. 无人机的操作常识与法规

（1）遵守当地法律法规，不要在禁飞时间和禁飞区域飞行，如机场附近、军事基地周边等。飞行时，保证飞行环境周围空旷、无人群、无高压电，不要在高楼附近飞行。

（2）起飞前需要校准指南针，然后正常起飞。

（3）无人机的飞行高度必须在 120m 以内，若需要高于 120m 需要向相关部门申请。

（4）飞行时，无人机必须始终在视线范围内（500m 内）。飞行过程中，请密切关注无人机及遥控器电量，判断当前电量是否够无人机返航。

（5）注意通过天气及气象预报观测飞行时的风速、雨雪、大雾、空气密度、大气温度等。建议飞行风速在 5 级以下，遇到楼层或者峡谷等应注意突风现象。

（6）无人机的开机顺序为先开启遥控器，后开启飞机；关机顺序为先关闭飞机，后关闭遥控器。

4. 无人机的保养

无人机的保养方式具体如下：

（1）使用前请观察电池外壳是否有破损或者变形鼓胀，若电池受损严重，则应停止使用，尽量将电池进行废弃处理。

（2）电池储存时电量最低应该在 30%～50%，否则长时间存放容易损坏。

（3）飞行前检查飞机机身螺丝是否出现松动，飞机机臂是否出现裂痕破损。

（4）检查外臂脚架减震是否正常，若减震垫有损坏，应更换减震垫。检查 GPS 装置上方及天线位置是否贴有影响信号的物体（如带导电介质的贴纸等）。

（5）在不安装飞机螺旋桨的情况下启动电机，若启动之后电机出现异常响声，则可能是轴承磨损，需要更换电机。

（6）不安装螺旋桨的情况下启动飞机的电机，观察电机转子的边缘和轴在转动中是否同心，以及是否有较大震动。若出现较大震动，则需要更换电机。

10.3.2　无人机飞行器的简单操作

1. 准备无人机飞行器

本任务以大疆御 Mavic Air（图 10-47）系列无人机为例进行讲解。

（1）移除云台保护锁扣，如图 10-48 所示。

（2）展开后机臂，如图 10-49 所示。

（3）展开前机臂与脚架，如图 10-50 所示；打开后效果俯视图如图 10-51 所示。

图 10-47　大疆御 Mavic Air

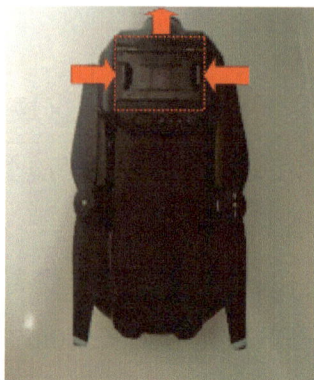

图 10-48　移除保护锁扣

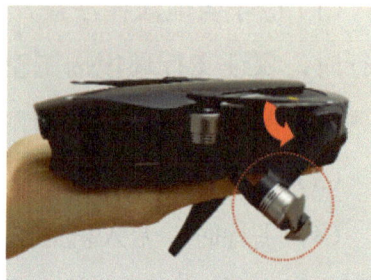

图 10-49　展开后机臂

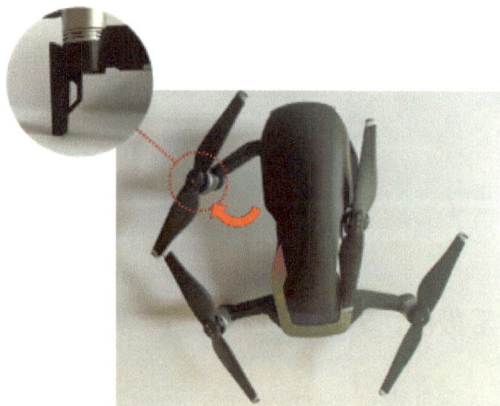

图 10-50　展开前机臂与脚架

图 10-51　打开后俯视图

2. 准备遥控器

准备遥控器的步骤如下：

（1）展开天线、手柄，如图 10-52 所示。

（2）取出收纳于遥控器上的摇杆并安装至遥控器，如图 10-53 和图 10-54 所示。

图 10-52　展开天线、手柄　　　　图 10-53　取出摇杆　　　　图 10-54　摇杆安装完成

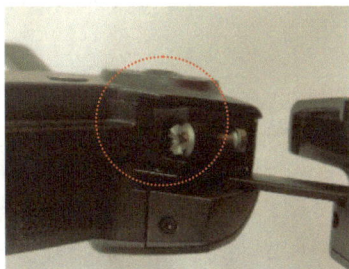

（3）根据移动设备接口类型选择相应的遥控器转接线连接移动设备，如图 10-55 所示，包括 Lightning 接口（遥控器转接线已默认安装）、标准 Micro USB 接口、USB-C 接口。调整手柄角度，将移动设备（本案例使用手机端）稳定放置在手柄上，如图 10-56 所示。

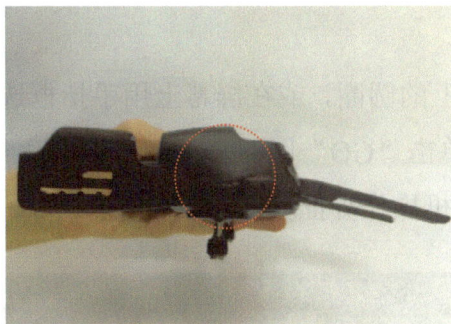

图 10-55　遥控器转接线连接移动设备　　　　图 10-56　移动设备与手柄结合

3. 激活无人机飞行器

激活无人机飞行器的步骤如下：

（1）在 App 软件 DJI GO 4 中登录或注册账号。

（2）开启无人机飞行器与遥控器。

（3）通过遥控器转接线连接移动设备并运行 DJI GO 4。

（4）连接无人机飞行器：在 DJI GO 4 界面选择设备，单击"连接飞行器"，此处选择有线连接，按提示完成连接步骤。

（5）连接成功后，在设备界面单击"激活设备"，开始进入激活流程。按照提示完成操作步骤，最后重启飞行器，完成激活。

4. 操作无人机飞行器拍摄一键短片

一键短片功能的主要拍摄方式有以下几种：渐远 ◢、环绕 ⊙、螺旋 ◉、冲天 ⊥、彗星 ⊘、小行星 ⊙ 等。在设定好对应的拍摄方式之后，飞行器按照选定方式飞行拍摄，并完成拍摄方式中预设拍摄时长视频的生成，最后通过回放功能对视频进行编辑与分享。

（1）启动无人机飞行器，确保飞行器电量充足并处于 P 模式，使飞行器起飞至离地面 2m 以上，如图 10-57 所示。

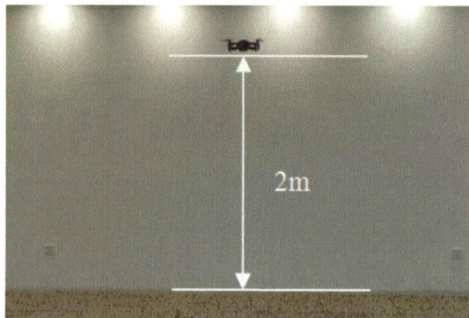

图 10-57　飞行高度

（2）进入 DJI GO 4 App 的相机界面，单击 📷 后，选择一键短片并阅读新手指导及注意事项，确保已充分了解并能安全使用该功能。

（3）选定拍摄方式后，在屏幕上单击拍摄目标上的圆圈，或在屏幕上用手指框选拍摄目标后（建议选择人物为目标，不建议选择建筑物），单击"GO"图标，飞行器将自动飞行拍摄。拍摄完成后无人机飞行器将飞回拍摄起始位置。相机操作界面如图 10-58 所示。

图 10-58　DJI GO 4 App 一键短片相机操作界面

单击回放按键 ▶ 可查看所拍摄的短视频或原视频，并可直接编辑和分享至社交网络。

5．利用智能跟随拍摄

无人机可以选定目标，通过云台相机跟踪目标，自动保持一定距离并跟随飞行。

（1）启动无人机飞行器，确保无人机飞行器电量充足并处于 P 模式。使无人机飞行器起飞至离地面 2m 以上，如图 10-59 所示。

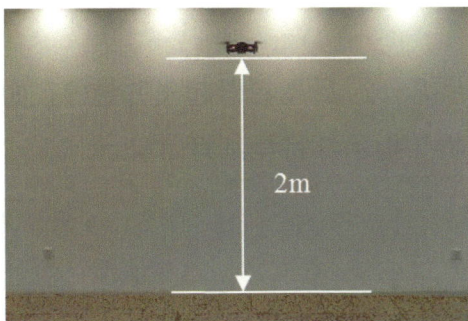

图 10-59　飞行高度

（2）进入 DJI GO 4 App 的相机界面，单击 📷 ，选择智能跟随并阅读注意事项。

（3）轻触屏幕或拖动选择需要跟踪的目标区域。单击"确认"后，飞行器将与目标保持一定距离并跟随飞行。若出现红框，则请重新选择目标。相机操作界面如图 10-60 所示。

图 10-60　DJI GO 4 App 智能跟随的相机操作界面

使用智能跟随飞行过程中，无人机飞行器会根据视觉系统提供的数据判断是否有障碍物，检测到障碍物时无人机飞行器将悬停并暂停跟随。若跟随目标移动速度过快或长时间被遮挡，则需要重新选定跟随目标。

（4）智能跟随过程中短按遥控器上的急停按键可使飞行器紧急刹车并悬停，再次单击屏幕可继续拍摄；单击屏幕上的 ⊗ 或切换到遥控器上的 SPORT 档可以退出智能跟随。退出智能跟随后，飞行器将原地悬停。

6.　利用手势控制无人机拍照与摄像

无人机无须遥控器或移动设备，通过手势控制即可实现无人机飞行器起飞/降落、调整无人机飞行器的位置和距离以及拍照与摄像等功能。

（1）启动飞行器，确保飞行器电量充足并放置平地上，面朝机头。在 DJI GO 4 App 中单击 📷 进入慧拍模式，飞行器开始检测人脸及手掌。双击尾部功能按键也可进入慧拍模式。机头指

示灯黄灯 常亮。

在飞行器前两三米内举起手掌，2s 后飞行器起飞并悬停，如图 10-61 所示。机头指示灯绿灯慢闪。若不满足起飞条件，机头指示灯将呈红灯常亮。

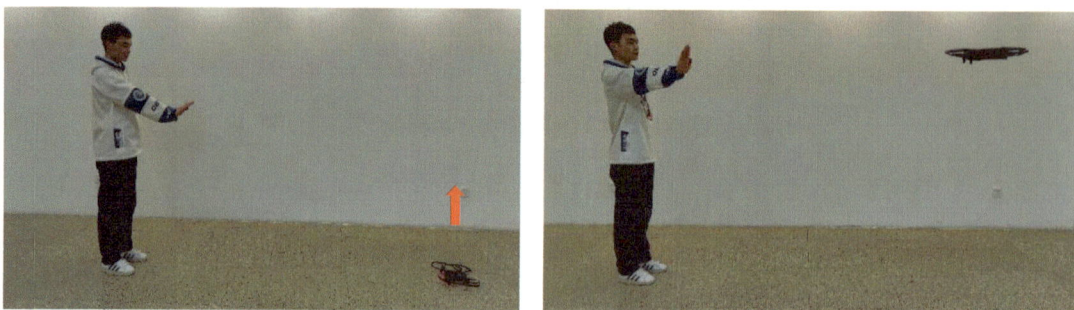

图 10-61　手势起飞

（2）在飞行器前方约 2m 处，手掌掌心正对相机保持 2s，进入手势控制。

（3）掌控位置。举高或降低手掌，飞行器将上升或下降。身体带动手掌左右转动，飞行器将左右环绕。举掌前进或后退，飞行器将前后飞行。机头指示灯绿灯慢闪，如图 10-62 所示。

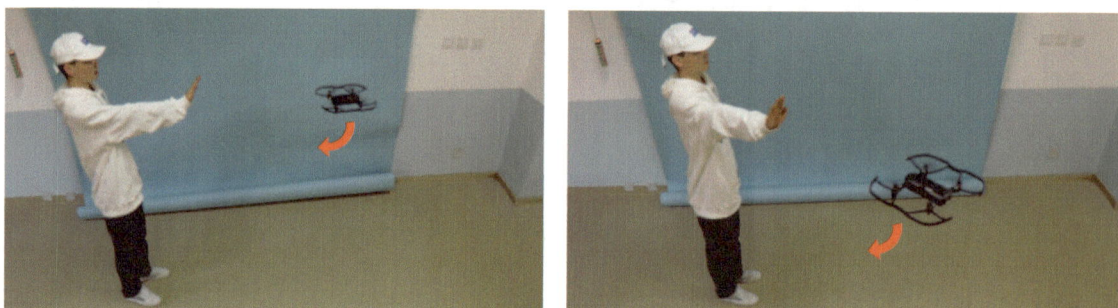

图 10-62　掌控位置（水平环绕）

（4）掌控距离。双手平举，手掌正对飞行器，进入控制飞行器远近移动模式，如图 10-63 所示。双手缓慢分开，飞行器平飞后退（最远可到 6m）。双手缓慢并拢，飞行器平飞靠近（最近可到 2m）。机头指示灯绿灯慢闪。

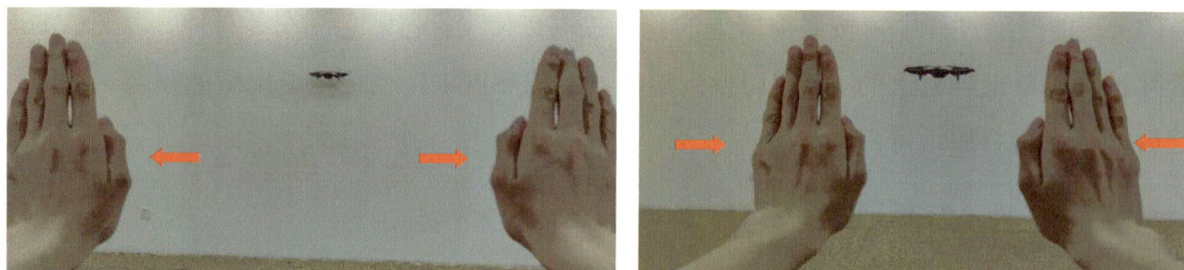

图 10-63　掌控距离

距离飞行器 7m 内，面向飞行器伸出手做出"拍照"手势（如图 10-64 所示），飞行器将开始拍照倒计时。倒计时前 1s 机头指示灯为红灯慢闪，然后 1s 快闪，拍照时指示灯熄灭。若出现大于或等于两个拍照手势（同一个人或多个人），则触发集体照功能。

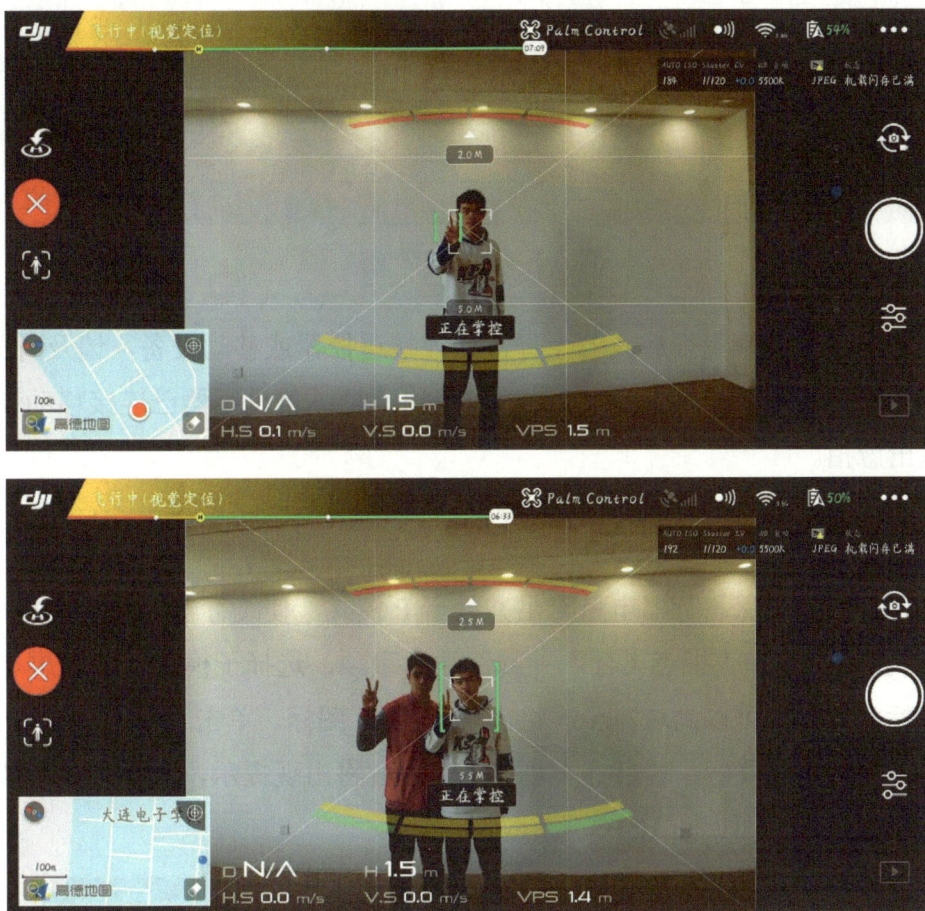

图 10-64　"拍照"手势

距离飞行器 7m 内，面向飞行器做出"录像"手势（如图 10-65 所示）。录像时，机头指示灯熄灭。开始录像 5s 后再次做"录像"手势可以结束录像。

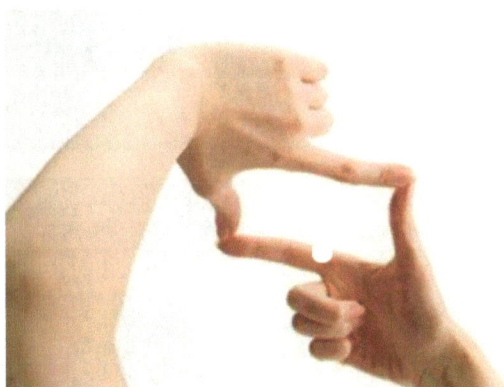

图 10-65　"录像"手势

（5）将飞行器控制到合适的位置。手势控制飞行器降到最低处，确保手掌正对飞行器，并保持下压姿势 3s，飞行器将自动降落并关闭电机，机头指示灯绿灯慢闪，如图 10-66 所示。

图 10-66　手势降落

（6）使用慧拍模式结束飞行后，若飞行器未连接遥控器或移动设备，请及时关闭飞行器；若飞行器已连接遥控器，可切换到 SPORT 档以退出慧拍；若飞行器已连接移动设备，可单击屏幕上的❌退出慧拍。

7. 智能指点拍摄

（1）启动飞行器，确保飞行器电量充足并处于 P 模式，使飞行器起飞至离地面 1m 以上。

（2）单击按钮，选择"指点飞行"并阅读注意事项，选择子模式。轻触屏幕中地面上空闲区域中的目标，若目标可以到达，App 将出现"GO"图标。单击"GO"图标，飞行器将按照用户选定的子模式自动飞行；若目标不可到达，App 将出现提示，请根据提示调整后重新指定目标。指点飞行操作界面如图 10-67 所示。

图 10-67　指点飞行操作界面

（3）指点飞行过程中短按遥控器上的急停按键或往飞行方向反向打杆，可使飞行器紧急刹车并悬停，再次单击屏幕可继续拍摄。

考核评价

◆ **考核项目**

本项目为小组合作完成，学生组成 4 人合作小组，推选出组长，组员在组长带领下共同协商分工完成项目任务。完成后小组推选一名代表展示项目成果并进行项目分工说明，由老师及其他小组打分，评定出的成绩记为小组成绩，个人成绩由分工系数与小组成绩的乘积计算得出。

项目：利用无人机拍摄组中成员课间的活动轨迹，分析拍摄过程中出现的问题，并将结果转换成演示文稿或视频进行展示。

◆ **评价标准**

根据项目任务的完成情况，从以下几个方面进行评价，并填写表 10-1。

（1）方案设计的合理性（10分）。

（2）设备和软件选型的适配性（10分）。

（3）设备操作的规范性（10分）。

（4）小组合作的统一性（10分）。

（5）项目实施的完整性（10分）。

（6）技术应用的恰当性（10分）。

（7）项目开展的创新性（20分）。

（8）汇报讲解的流畅性（20分）。

表 10-1　评价记录表

序号	评价指标	要求	评分标准	自评	互评	教师评
1	方案设计的合理性（10分）	各小组按照项目内容，对项目进行分解，组内讨论，完成项目的方案设计工作	方案合理，得8~10分；方案需要优化，得5~7分；方案不合理，需要重新讨论后设计新方案，得0~4分			
2	设备和软件选型的适配性（10分）	各小组根据方案，对设备和软件进行选择和应用	选择操作简便，应用简单的设备和软件，得8~10分；满足项目要求，但操作不简便，得5~7分；重新选择得0~4分			
3	设备操作的规范性（10分）	各小组根据设备和软件的选型进行操作	能够规范操作选型设备和软件，得8~10分；没有章法，随意操作，得5~7分；不会操作，胡乱操作，得0~4分			

续表

序号	评价指标	要求	评分标准	自评	互评	教师评
4	小组合作的统一性（10分）	各小组根据项目执行方案，小组内分工合作，完成项目	分工合作，协同完成，得8～10分； 组内一半人员没有参与项目完成，得5～7分； 一人完成，其他人没有操作，得0～4分			
5	项目实施的完整性（10分）	各小组根据方案，完整实施项目	项目实施，有头有尾，有实施，有测试，有验收，得8～10分； 实施中，遇到问题后项目停止，得5～7分； 实施后，没有向下推进，得0～4分			
6	技术应用的恰当性（10分）	项目实施使用的技术，应当是组内各成员都能够熟练掌握的，而不是仅某一个人或者几个人会应用	实现项目实施的技术全部都会应用，得8～10分； 组内一半人会应用，得5～7分； 只有一个人会应用，得0～4分			
7	项目开展的创新性（20分）	各小组领到项目后，要对项目进行分析，采用创新的手段完成项目，并进行汇报、展示	实施具有创新性，汇报得体，得16～20分； 实施具有创新性，但是汇报不妥当，得10～15分； 没有创新性，没有汇报，得0～9分			
8	汇报讲解的流畅性（20分）	各小组要对项目的完成情况进行汇报、展示	汇报展示使用演示文档，汇报流畅，得16～20分； 没有使用演示文档，汇报流畅，得10～15分； 没有使用演示文档，汇报不流畅，得0～9分			
总　分						

小组成员：＿＿＿＿＿＿＿＿＿＿＿＿＿＿＿＿＿